高校科研育人研究

徐欢 ◎著

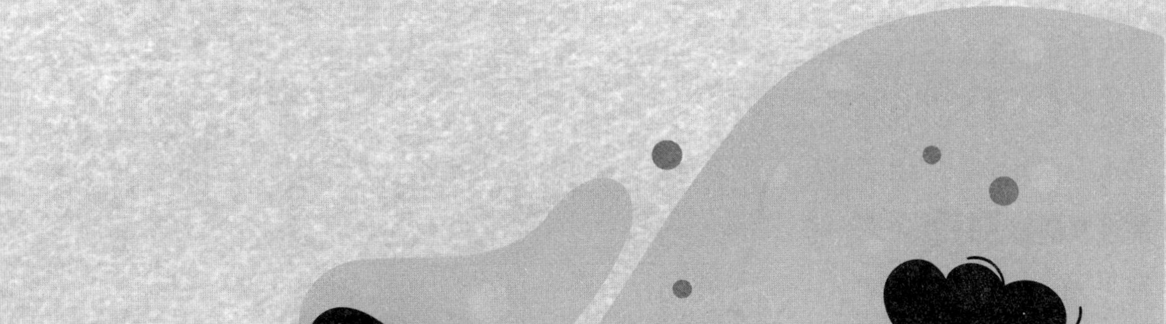

九州出版社
JIUZHOUPRESS

图书在版编目（CIP）数据

高校科研育人研究 / 徐欢著. -- 北京 ：九州出版社，2023.5

ISBN 978-7-5225-1886-2

Ⅰ.①高… Ⅱ.①徐… Ⅲ.①高等学校-科学研究-人才培养-研究-中国 Ⅳ.①G322

中国版本图书馆 CIP 数据核字（2023）第 101590 号

高校科研育人研究

作　　者 徐 欢 著
责任编辑 曹 环
出版发行 九州出版社
地　　址 北京市西城区阜外大街甲 35 号（100037）
发行电话 （010）68992190/3/5/6
网　　址 www. jiuzhoupress. com
印　　刷 北京四海锦诚印刷技术有限公司
开　　本 787 毫米×1092 毫米　16 开
印　　张 11. 25
字　　数 249 千字
版　　次 2024 年 7 月第 1 版
印　　次 2024 年 7 月第 1 次印刷
书　　号 ISBN 978-7-5225-1886-2
定　　价 58. 00 元

前　言

高校肩负着科学研究、教育教学、社会服务、文化传承、技术创新等重要使命。当前我国正处于实现中华民族伟大复兴的关键时期，科技创新发展任务艰巨，需要实现科学技术从“跟跑”到“领跑”的伟大跨跃，而科研育人是实现这一宏伟目标的基础性工作。教育部于2017年底印发了《高校思想政治工作质量提升工程实施纲要》，提出在当前的思想政治教育工作中构建十大育人体系，科研育人成为十大育人体系之一，强调了包括科研育人在内的各项育人工作的重要性。因此，科研育人不仅成为高校科学研究的前沿要素，也逐渐发展为高校人才培养的一个新抓手。

本书运用文献研究法、调查研究法、质性访谈法、比较研究法、跨学科研究法等方法，对新时代下高校科研育人的理论基础、内涵、要素、必要性、价值意蕴、运行机理、问题现状、域外经验、实践创新等展开系统的研究，以全面揭示我国高校科研育人的内在逻辑与实践进路，完成从理论推演到现实落地的研究构架。

从理论基础的角度来看，高校科研育人具备充分的理论依据。通过马克思主义关于人的全面发展理论、人才培养观、认识论、实践论、中国共产党人的育人观等方面的理论分析，可以发现，马克思主义关于人的全面发展理论和人才培养观为高校人才培养目标和手段提供了基本遵循，马克思主义认识论为科学研究提供了方法论，马克思主义实践论为科学研究提供了基本原则，中国共产党人的育人观为落实“立德树人”的根本任务提供了科学指南。这些理论都为研究高校科研育人奠定了重要的理论基础。

从内涵、意蕴的角度来看，高校科研育人随着时代的发展，内容日益丰富，呈现出新的时代特征。一是高校科研育人的内涵、要素主要回答了高校科研育人“是什么”的问题。从不同学科、不同育人要素的视角来看，高校科研育人的内涵有不同的表现，决定了科研育人存在不同的功能、价值意蕴。高校科研育人的内涵和要素从根本上廓清了高校科研育人的本质。高校科研育人的理念、主体、内容、工具、环境五大要素是互相联系、有机地融合在一起的，构成了高校科研育人的完整系统，对于高校科研育人功能作用的有效发挥起到了至关重要的作用。二是高校科研育人的必要性、价值意蕴（重要性）主要回答了高校科研“为什么能育人”的问题。其必要性，彰显了科研育人的地位和意义。其价值意蕴，指明了高校科研育人的作用和重要性。

从机理的角度来看，高校科研育人存在着内在的组织机理、驱动机理、作用机理、反思机理、优化机理等，彼此之间相互联系、相互作用，共同构成了高校科研育人系统性的运行机理。其中，组织机理揭示了高校科研育人运行机理组织设计环节的内在运行规律和原理，是高校科研育人运行机理的灵魂；驱动机理揭示了高校科研育人运行机理驱动实施环节的内在运行规律和原理，是高校科研育人运行机理的关键；作用机理揭示了高校科研育人运行机理建构生成环节的内在运行规律和原理，是高校科研育人运行机理的核心；反思机理揭示了高校科研育人运行机理检视反馈环节的内在运行规律和原理，是高校科研育人运行机理的重点；优化机理揭示了高校科研育人运行机理提升改进环节的运行规律和原理，是高校科研育人运行机理的根本。高校科研育人的运行机理明晰了高校科研育人的运行逻辑，揭示了科研育人的特点和规律，对于分析科研育人存在的具体问题以及如何进行有效的解决，搭建了科学的机理架构。

从现状的角度来看，高校科研育人存在的问题也不容忽视。通过问卷调查和访谈发现，我国部分高校科研育人主要存在着科研育人意识缺乏、科研育人价值取向功利、科研育人方式传统单一、科研育人环境尚未形成、科研育人系统协同性不强等问题，这些问题出现的原因包括育人理念滞后、育人内容空泛、协同育人合力尚未形成、育人机制不健全、育人渠道未打通等多个方面。

从域外经验来看，域外科研育人给我国提供了可借鉴的经验。通过分析德国、法国、英国、美国、日本等国家高校科研育人的经验发现，德国建立科研中坚机构促进了科研素养的提升，法国组建科研合作集群推动了“科研+育人”的双向发展，英国构建高校卓越框架驱动科研人才培养的内生动力，美国整合多方科研主体强化人才培养能力建设，日本共同利用科研机构实现科教融合发展等，都为我国高校科研育人提供了一定的参考价值。我国可以从人才培养与科研工作协同发展、科研能力与科研修养并驾齐驱、推动科研育人的交流合作、以科研评估制度创新高校育人四个方面借鉴域外经验推进高校科研育人工作持续发展。

立足于我国高校科研育人的理论与实践状况，新时代高校科研育人应从高校科研育人的系统优化、方法创新、机制创新、模式构建四个方面进行实践创新。在高校科研育人的系统优化方面，通过高校科研育人的组织优化、内容优化、要素优化以及载体优化来提高育人的质量；在高校科研育人的方法创新方面，构建“线上+线下”相互结合的育人方法、构建“自育+榜样”内外结合的育人方法、构建“内部+外部”双向合作的育人方式来提升育人的效果；在机制创新方面，坚持文化价值的引领机制、崇尚伦理道德的内驱机制、创新实践平台的外驱机制、健全多元激励的评价机制来实现育人的制度保障；在实践模式方面，注重科教融合的模式构建、产学研协同育人的模式构建来发挥全面育人的协同效益。

目 录

第一章　绪论

高校科研育人是以科研活动为载体、通过科研实现育人功能的过程。高校教师通过鼓励、指导学生参与科研活动，培养学生知识层面的科学素养，能力层面的科研能力，素质层面的思想政治素质、道德素质、心理素质，精神层面的科学精神，最终实现育人目的。在我国越来越重视科研学术诚信建设与大学生全面发展的时代背景下，高校科研育人的重要性日益突显，其理论内涵也在不断与时俱进。因此，立足于当前国内外高校科研育人的研究状况，总结当前科研育人的理论特征与实践经验，是新时代思想政治教育理论研究必须重视的问题。

1.1　研究背景与意义

1.1.1　选题背景

我国高校科研育人的理论与实践研究始于20世纪八九十年代，经过几十年的发展与演进，逐渐形成了具有中国特色的科研育人模式，并成为高校思想政治工作的有机组成部分。“科研育人”的概念是随着人们对“育人”内涵的认知而逐渐形成的。1996年召开的全国教育工作会议首次提出了教书育人、管理育人、服务育人的“三育人”概念。近年来，高校十分重视科学教育与人文教育相结合，要求学生“树立科学精神，掌握科学方法”。2015年1月19日，中共中央办公厅和国务院办公厅印发了《关于进一步加强和改进新形势下高校宣传思想工作的意见》，提出了包含科研育人在内的五大育人长效机制，在“三育人”基础上，增加了“科研育人”和“实践育人”，初步形成了“五育人”的格局。2016年12月，习近平总书记在全国高校思想政治工作会议上强调，要紧密围绕“培养什么样的人、如何培养人以及为谁培养人的根本问题”，“坚持把立德树人作为中心环节，牢牢抓住全面提高人才培养能力这个核心点”，通过“围绕学生、关照学生、服务学生”，开创全员、全过程、全方位育人的新格局。这充分表明党和国家领导人对高校育人工作的战略思考，也突显了科研育人在高校人才培养中的地位和重要作用。2017 年 2 月 27 日，中共中央、国务院在《关于加强和改进新形势下高校思想政治工作的意见》中再次强调，要“坚持全员全过程全方位育人，把思想价值引领贯穿教育教学全过程和各环节，形成教书育人、科研育人、实践育人、管理育人、服务育人、文化育人、组织育人长效机制”。“七育人”工作机制的构建，成为创新高校思想政治工作的原则和方向。2017 年底，教育部颁布《高校思想政治工作质量提升工程实施纲要》，将“七育人”工作机制具体化为课程、科研、实践、文化、网络、心理、管理、服务、资助、组织等“十大”育人体系。自此，科研育人成为我国高校思想政治工作体系中不可获缺的重要组成部分。

科研育人作为新时代高校思想政治工作的重要内容，其作用蕴含于高等教育的基本要求中。首先，科学研究与人才培养是高校的两项重要职能。一方面，科学研究始终是高校强校之本。作为一种探索自然、社会与思维发展规律，拓展人类知识疆域的重要实践活动，科学研究活动对于文明传承与社会发展有着深远影响。特别是当代研究型大学的兴起，为科研学术的传承发展提供了重要场域。为了应对新一轮科技革命和产业变革，新时代中国特色社会主义高校要以“双一流”建设为契机，着力提升自身科研学术水平，紧跟世界科学发展最前沿。另一方面，高校不同于科研院所，除了追求学术成果产出的“知识共同体”，更承担着“育人共同体”的重要职责。一切在高校中开展的科学研究活动，都必须以直接或间接的方式服务于人才培养。高校在大力开展科研工作的同时，要积极探索将各类科研资源与成果不断融入教育教学过程的途径，在推动科研事业自身传承发展的同时，为社会建设与国家发展输送专业人才。其次，科研“为谁服务”与人才“为谁培养”是衡量高校科研育人的重要标尺。它要求科学研究和人才培养站在中国特色社会主义大学的立场上立德树人，不断挖掘科研活动中丰富的思想政治教育资源，发挥价值引领作用，让传统意义上相互独立的科研学术训练与思想政治教育在落实立德树人根本任务中协调发展，实现学生科研素养提升和内在精神成长的同步发展。

实现第二个百年奋斗目标，培养创新型人才是关键，而高校是实现这个关键任务的重要阵地。在高校科学研究过程中，既要传授学生科学知识、提升学生科研能力，又要培养学生的科学精神、科学道德和学术诚信。特别是在“双一流”建设的背景下，高校科研育人的地位将不断提升。但目前高校科研育人仍然存在着一系列问题，比如高校科研育人理念定位模糊、保障机制不健全、运作机理不顺畅等，这些问题的存在，将对新时代的高校科研育人工作产生直接的影响。因此，开展高校科研育人理论与实践的研究，厘清其内涵意蕴，挖掘其过程机理，在把握其实施现状和问题基础上，结合新时代高校立德树人的建设目标，提出应对挑战的对策建议，对高校科研育人工作具有重要的指导价值。

1.1.2 研究意义

进入新时代以来，党和政府高度重视高校思想政治工作，作出了一系列加强和改进高校思想政治工作的重要决策和部署。近年来，教育主管部门不断强调科研育人的载体功能，明确其在育人体系中的地位和作用，要求高校在立德树人的教育实践中予以加强和深化。在高校科研育人工作不断被强调的时代背景下，开展系统性的理论分析和实践研究，具有重要的理论和现实意义。

1. 理论意义

（1）有助于丰富高校科研育人的理论研究。本书详细梳理了高校科研育人的理论依据，奠定了高校科研育人的理论基础，并就高校科研育人的内涵、要素、必要性、价值意蕴进行全面阐释，重点揭示了高校科研育人的运行机理，在调研分析我国高校科研育人现状及问题的基础上，多角度探析问题产生的原因，借鉴域外高校科研育人的理念、方法和基本经验，据此提出针对性的对策建议，增强了高校科研育人理论研究的深度和广度，有助于进一步丰富和完善国内关于高校科研育人的理论研究成果。

（2）有助于深化高校思想政治教育视域下育人规律的研究。高校科研育人是在实现中华民族伟大复兴的征程中培养现代化人才的必经环节。探索科研育人的规律，本质是通过科研活动，把育人元素融入到学生专业学习、科研实践的全过程之中，实现人的全面发展。通过深入研究高校科研育人的过程机理，有助于进一步深化思想政治教育视域下的育人规律。

2. 现实意义

（1）为新时代高校科研育人实践工作提供参考。科研育人是高校育人实践的重要载体和抓手，特别是对于研究型高校而言，科研和育人密不可分、相辅相成。本研究在进一步完善高校科研育人的理论体系的基础上，探索高校科研育人的内在运行机理，对于发挥好科研的育人功能、保障高校有效落实“立德树人”根本任务提供参考借鉴。

（2）有助于探索新时代高校科研育人的创新路径。高校的育人工作是一项系统工程，其原则是以人才培养为中心，促进人的全面发展。因此，深入开展高校科研育人研究，能够优化高校科研育人的功能，对培养高素质的综合型人才，完善高校的“三全育人”体系，推动高等教育的高质量、内涵式发展均具有重要的现实意义，有助于进一步指引高校探索新时代科研育人的创新路径。

1.2 国内外研究综述

在中国知网、读秀、超星汇雅等中文数据库以“高校科研、科研育人”等为关键词进行检索，同时在 https：//fred. stlouisfed. org/、http：//www. epa. gov/ncepihom/、http：//www. dspace. cam. ac. uk/、https：//www. oecd-ilibrary. org 等外文数据库平台以“scientific research”“educating through scientific research”等为外文关键词进行检索，发现目前学术界关于这方面的研究内容涉及科研育人的概念、内涵、意义以及路径和方法，形成了以“高校科研、高校育人、高校科研育人”为核心脉络的学术成果框架体系，这些学术成果为完善高校科研育人理论体系提供了初步借鉴。

1.2.1 关于高校科研的研究

“科研”是科学研究的简称，科学研究在本质上是一项具有创造性的工作，其主要目的是为了增进知识以及利用知识去发明新技术，而这些知识包括人类文化和社会的知识。美国资源委员会指出科学研究就是对知识和数据进行收集、整理、统计以及研究的工作。虽然上述关于“科研”概念的表述有所差异，但其核心都指向一个对象——知识，是对知识进行利用以及再创造的过程。从科研的定义来看，科研是一个庞大的系统，包含了十分丰富的内容，而且在不同的科学技术、学科背景、时代发展的条件之下，科研的内涵与外延在实际中呈现出一定的差异。但由于科研是围绕科学而进行的研究工作，因此学术界在研究高校科研问题时，主要针对科学的相关问题如高校科研职能、科学精神、科学道德等方面展开。因此，在分析高校科研的文献综述时，有必要对科学的相关研究展开分析，并在此基础之上进一步分析学术界对于科研的研究现状，以准确定位高校科研系统的组成要素，为本书界定科研育人的时代内涵提供文献与理论支撑。

1. 关于高校科研职能的研究

19 世纪初，科学研究成为大学的重要职能，大学开始关注科研的发展。德国著名教育学家威廉·冯·洪堡通过《柯尼斯堡学校计划》《立陶宛学校计划》《文化和教育司工作报告》等论著指出，大学进行学术科学研究是大学发展的基础和支撑点，大学重视科学研究，才能带动知识与教学长足进步。洪堡不赞同以往大学以教学为唯一职能的看法，认为科研是大学教育必不可少的环节，大学至少存在两种职能：“一是对科学的探索，二是个性与道德的修养。”[①] 他强调，科学研究是大学作为学术机构的内在逻辑。因此，洪堡创建洪堡大学以践行自己的办学理念，推动了世界上第一所“研究型大学”的诞生。1809年，洪堡倡导“教学和科研的统一性原则，主张在批判性、创造性的复杂思维活动中，将教学和科研形成一种连续发展的统一体”。[②] 由此，将科学研究纳入大学的教育体系，与教学同频共振，逐渐成为一种共识。

进入20世纪，以高等院校科研职能为主题的研究逐渐增多，如加塞特在《大学的使命》中写道：“科学对大学的发展有很大作用，科学是高等教育赖以生存的土壤，而高等教育从科学中获取营养。科学是大学的‘灵魂’和‘本原’。”[③] 20世纪60年代以后，学术界对大学科研职能的研究进入全面开展阶段，尤以德里克·博克《走出象牙塔》、亚伯拉罕·弗莱克斯纳《现代大学论—美英德大学研究》和克拉克·科尔《大学的功用》等论著为代表。博克明确提出大学要走出象牙塔，履行社会服务的职能，系统阐释了大学的社会责任观。弗莱克斯纳以构建“学者的乐园”为己任，广泛延揽世界一流科研人才，大力倡导学术研究和学术自由，积极鼓励对有用的“无用知识”进行深入研究。科尔则指出：“（大学）在维护、传播和研究永恒真理方面的作用，在探索新知识方面的能力，以及在服务于文明社会众多领域方面所作的贡献都是无与伦比的。”[④] 此外，有些学者也对大学的两种职能进行区分，聚焦于科研与教学孰重孰轻。如，菲利普·格里弗斯认为大学的内在本质在于追求科学真理，阿尔弗雷德·魏格纳认为科学是大学精益求精的学术教育活动，应超越重复性的资料收集工作，开启总结性、创新性的有效研究。1991年，德国存在主义哲学家卡尔·雅斯贝尔斯提出“大学的首要职能是科研，教学是其次。科研能够培养人做学问的态度，符合教育的基本规律”。[⑤] 怀特海在《教育的目的》中写道：“大学是实施教育的机构，也是进行研究的机构。”[⑥] 伯顿·克拉克在《探究的场所——现代大学的科研和研究生教育》中指出，“在过去的一个半世纪内，大学已经转变为探究的场所，科研本身是一个效率很高和非常有力的教学形式，科研和教学能够整合并共同发展”。[⑦]

教学和科研是大学职能的两个不同方面。2007年，哈佛历史上首位女校长德鲁·福斯

---

①[德] 弗里德里希·包尔生. 德国大学与大学学习 [M]. 张弛等译. 北京：人民教育出版社，2009.

②[德] 洪堡. 伦柏林高等学术机构的内部和外部组织 [M]. 北京：高等教育出版社，1987：35.

③[西班牙] 奥尔特加·加塞特. 大学的使命 [M]. 徐小洲等译. 杭州：浙江教育出版社，2001：88.

④[美] 克拉克·克尔. 高等教育不能回避历史——21世纪的问题 [M]. 王承绪，译. 杭州：浙江教育出版社，2001：67.

⑤[德] 卡尔·雅斯贝尔斯. 什么是教育 [M]. 邹进译. 上海：生活·读书·新知三联书店，1991：38.

⑥[英] 怀特海. 教育的目的 [M]. 庄莲平，王立中译. 上海：文汇出版社，2012：102.

⑦[美] 伯顿·克拉克. 探究的场所——现代大学的科研和研究生教育 [M]. 王承绪译. 杭州：浙江教育出版社，2001：59.

特在其题为《放飞我们最富挑战性的想象力》的就职演讲中说："一所大学关乎学问，影响终身的学问，将传统传承千年的学问，创造未来的学问。毫无疑问传承千年学问与教学有关，创造未来学问与科研有关。"① 2019 年，德鲁·艾伦（Drew Allen）在最新的著作中表示，"高校的科研职能不仅体现了其缔造者的学术造诣，更展现了学校的自身办学实力，这是伟大的荣誉，也是最纯粹的事业"。②

2. *关于高校科学精神的研究*

科学精神包括科学态度与科学价值观。科学精神是科研文化的内在凝聚力量，体现在科学发展过程中的一种科学态度、科学规范和科学价值的精神状态。国内有学者提出"培养科学精神是各个学科共性的素养要求，也是思想政治学科核心素养的重要组成部分。科学精神兼跨人文学科与科学学科，其内涵包含求真精神、实证精神、务实精神、思辨精神、探索精神、创新精神等，延展这些精神将有利于全面提升学生思维品质"。③ 也有学者提出"思想政治学科强调的科学精神，主要是指学习、掌握和运用马克思主义，坚持马克思主义立场，在生活实践中作出正确的价值判断和行为选择。作出正确的价值判断和行为选择，最重要的是坚持一切从实际出发、实事求是。应将培育学生科学精神作为重要的教学目标，在课堂教学环节传播和培养科学精神，提升学生的科学精神素养。"④ 还有学者提出"科学精神是指科学与科学活动的内在精神和灵魂，它是科学主体（科学家）的内在精神气质、品质和科学活动的内在性质、特质在求真创新基础上的统一"。⑤ 科学精神是伴随着科学发展的历程而形成并丰富发展起来的，它是经过漫长的历史过程而积淀下来的，是永恒且具有活力的。更有学者提出"核心素养视角下的科学精神表现为运用马克思主义科学世界观、方法论正确认识世界、改造世界，而哲学教学是培育学生科学精神素养的重要途径。科学精神的形成和发展离不开人们长期的科学实践活动"。⑥ 科学精神是无止境的科学探索，是对真理的执着追求，不盲从于既往学术权威，敢于打破常规、敢于刨根问底，它不是封闭地关起门来研究，而是海纳百川，畅游于学术世界，提倡怀疑、批判、不断创新进取的精神。探索和创新作为科学精神的源头活水，始终秉持以严谨的态度、求实的精神来验证事实，运用非科学或者伪科学的手段不叫探索，坚持思辨、不怕困

---

①[美] 德鲁·福斯特，郭英剑. 放飞我们最富挑战性的想象力 [J]. 语文新圃，2008 (1)：6-8.

②Drew Allen, Gregory C. Wolniak. Exploring the Effects of Tuition Increases on Racial/Ethnic Diversity at Public Colleges and Universities [J]. Research in Higher Education, 2019, 60 (1): 18.

③李艺敏. 融合多学科资源涵养科学精神——以"在实践中追求和发展真理"教学为例 [J]. 中学政治教学参考，2020 (10)：32-33.

④张学毅. 培育学生科学精神摭谈 [J]. 中学政治教学参考，2021 (21)：15-17.

⑤秦元海. 论科学精神 [D]. 上海：复旦大学，2006：123.

⑥周林松. 在哲学与科学共振中培育科学精神 [J]. 中学政治教学参考，2021 (9)：13-14.

难、不辞辛劳、追求真理叫创新。科学精神就是实事求是，求真务实，开拓创新的理性精神。

国外研究方面，德国教育学家阿道尔夫·第斯多惠认为，“大学教育并不是说一定要让普通学生成为科学家，而是使其在大学期间掌握初步的科研方法，培养基本的科研探究精神，引导普通学生进入科学之门”。[①] 拉塞克等学者指出，“教育应该培养人的批判精神，培养对不同思想观念的理解与尊重，尤其应该激发他发挥其特有的潜力。没有良知的科学只会是灵魂的废墟。未来的教育不应仅限于给学习者坚实的知识和培养他们对继续学习的兴趣。它还应该培养人的行为和能力并深入精神生活之中。要使教育内容跟上时代步伐，正确的做法是在当代科学的精神与方法论和教育的内容之间寻求一种认识论上的协调一致”。[②]《教育——财富蕴藏其中》的研究报告着眼于未来教育发展目标以及教育理念，阐述了“学会求知（学会认知、学会学习）、学会做事、学会共处（学会共同生活、学会合作、学会交往）、学会做人（学会发展、学会生存）”[③] 四大教育理念，其中“学会求知”是对未知知识的科学探索，蕴含着对科学精神的培育。

3. *关于高校科学道德的研究*

科学道德是指科学行为主体表现出的一种符合社会价值取向的道德意识，作为一种行为规范贯穿于科学研究过程的始终，并潜移默化影响着科学主体的行为。有学者指出，“科学的特别之处，不仅在于它特殊的研究主题和方法，或科学哲学所规范的一组严格的逻辑或方法论，更重要的是，它体现在从事科学研究人员的价值观及其所引导的行为，也就是科学家的‘科学美德’之中。这种美德就是科学家关注经验证据的科学态度”。[④] 科学之所以成为科学，不仅在于把握了对科学思想理论的分析能力、实验技能，更在于具备了特定的科学美德。科学美德的形成不是随心所欲，而是遵循一定的科学研究规律，养成高度自律的科学研究行为，表现出良好的道德风尚。只有通过科学共同体长期的教育或规训，这种美德才能内化为科学家活动的一种文化习性。也有学者指出“‘从道德—价值的观点看科学’，并从四个方面诊解。这四个方面是：从道德—价值的观点对科学进行理解与辩护；从应然的视角对科学规范进行新阐解；从科学作为好的价值观源泉回答民主为何需要科学的问题”。[⑤] 保持开放的姿态，在理解与批判中反思科学研究的历史与现状。“近

---

①第斯多惠，德国教师培养指南［J］. 袁一安. 新课程教学（电子版），2015（1）：123-124.

②［伊朗］S·拉塞克，G·维迪努. 从现在到2000年教育内容发展的全球展望［M］. 北京：教育科学出版社，1996：56.

③联合国教科文组织国际21世纪教育委员会. 教育——财富蕴藏其中［M］. 北京：教育科学出版社.

④蔡仲. 论科学美德［J］. 长沙理工大学学报（社会科学版），2021，36（3）：50-56.

⑤陈强强. 从道德—价值的观点看科学［J］. 自然辩证法研究，2020，36（2）：54-59.

代哲学与科学鼻祖的笛卡尔，依据数学创造出一整套科学方法论，提出了系统的科学规划，并声称依据他的方法，‘人类可以获得一切好的东西’。他还设定了一套临时道德标准，以保证其研究的顺利进展。在这之中，展现出了科学与道德之间巨大的冲突和张力”。① 科学道德强调遵守共同的道德准则，在科学研究活动中，不能以科学创新为借口而罔顾科学道德的存在，没有科学道德的调节，科学创新就会越界，甚至会给人类带来灾难。还有学者指出，“对科学道德问题进行研究，首先要了解什么是科学，理清科学的发展脉络。科学就其拉丁语词 Scientia 的本义来讲，是指所有的学问和知识。不仅包括现在常讲的自然科学，还包括历史、语言和哲学等其他所有的学问。准确地讲，科学最初的含义是泛指关于自然现象的有条理的知识，是对于表达自然现象的各种概念之间的关系的理性研究”。② 科学道德正是在科学中遵守的道德准则，科学建立在良好的道德结构之上才能实现良性发展。

1.2.2 关于高校育人的研究

新中国成立以来，我国学者围绕高校育人工作取得了一系列研究成果。研究成果集中体现在两个层面，一是关于高校“三全育人”的研究概述，这类研究的主要目的是深化对高校育人的规律性认识；二是关于高校“十大育人”的研究概述，这类研究的主要目的是考察高校思想政治工作，探索高校育人新模式。

1. 高校“三全育人”研究

“三全育人”的教育理念发端于新中国成立初期，兴起于改革开放之后。建国初期，我国提出了“教书育人，管理育人，服务育人”③ 的观点，奠定了“三全育人”的雏形，开辟了高等教育模式的探索之路。改革开放之后，高校育人得到了快速发展，各种高校育人模式层出不穷，“三全育人”模式在竞相斗艳中日渐成熟，而且在教育改革的大背景下，“三全育人”模式被寄予厚望。2016 年，习近平总书记在全国高校思想政治工作会议上指出，“要坚持把立德树人作为中心环节，把思想政治工作贯穿教育教学全过程，实现全程育人、全方位育人，努力开创我国高等教育事业发展新局面”。④ 以《高校思想政治工作质量提升工程实施纲要》所涵盖的“十大育人体系”为基础，把育人成效作为检验思政工作的标准，构建一体化的育人体系、理论与实践相结合的育人模式，从根本上打通“三

---

①左金磊. 从笛卡尔方法论看科学与道德的张力［N］. 中国社会科学报，2019-02-21（6）.

②刘召顺. 科学道德范式的当代审视［D］. 长春：吉林大学，2017：64.

③皇甫瑾. 记第一次全国工农教育会议［J］. 人民教育，1950（7）：49-51+5-8.

④习近平. 把思想政治工作贯穿教育教学全过程开创我国高等教育事业发展新局面［N］. 人民日报，2016-12-9（1）.

全育人”的最后一公里，使“三全育人”模式更具有借鉴意义。“三全育人”作为一种全新育人理念，内涵和外延比以往更丰富，是新时代高校思想政治工作的战略性方针。

国内学者近年来集中开展了对高校“三全育人”的内涵研究。有学者认为“高校‘三全育人’应遵循其理念内涵，坚持问题导向、坚持一线育人、坚持精准施策、坚持五个协同，最终形成一体贯通的工作机制，全面提升高校思想政治工作质量”。① 也有学者指出，“‘三全育人’是新时代推进育人理念和育人方式变革的重大命题。深化‘三全育人’改革，必须坚持正确方向，紧扣问题导向，进一步压实责任，不断把立德树人的体制机制优势转化为育人实效”。② 目前，学界对“三全育人”的内涵研究比较丰富，基本形成共识。

现阶段研究中，高校“三全育人”涉及的覆盖面比较广，几乎涵盖了学生的所有实践活动，具有普遍的指导意义。各类文献对高校“三全育人”的实践和成效都有所介绍，有学者认为“三全育人是新时代高校落实立德树人根本任务的必然要求。其内在机理是基于高校教书育人规律、思想政治教育规律和大学生成长成才规律，形成一体化思想政治教育合力，培养中国特色社会主义事业建设者和接班人”。③ 也有学者指出，“作为新时代高校加强和改进学生思想政治教育的新理念，‘三全育人’提出了将思想政治教育融入人才培养各环节的时代要求，通过创新第二课堂教育的有效载体，构建以学生为中心，将全员育人理念深入到教育每一个环节之中，全方位齐抓共管的系统工程，充分发挥学生主体的作用，推动实现知识教育与品德塑造、能力培养与实践能力有机结合，构建新时代高校一体化的第二课堂育人体系”。④ 更有学者提到，“三全育人作为新时代高等教育发展的创新理念和实践模式，反映了党和国家对教育本质和教育规律的深化认识，体现了高等教育立德树人的内在要求，顺应了人才培养的发展趋势，契合了高校思想政治工作的发展规律”。⑤“科研育人有利于构建系统性的全员育人体系，形成强有力的全过程育人，建立全方位的协同育人平台，从而深入贯彻落实‘三全育人’理念”。⑥ 可见，“三全育人”既体现在教

①刘润，王小莉. 高校“三全育人”工作路径与机制的探索实践［J］. 思想教育研究，2020（6）：115-118.

②魏士强. 深化“三全育人”改革落实立德树人根本任务［J］. 中国高等教育，2020（10）：4-6.

③丁丹. 新时代高校“三全育人”探赜：机理、问题与路向［J］. 思想教育研究，2020（6）：119-123.

④周国桥. “三全育人”视阈下高校第二课堂育人的创新探索［J］. 学校党建与思想教育，2020（1）：52-54.

⑤梁伟，马俊，梅旭成. 高校“三全育人”理念的内涵与实践［J］. 学校党建与思想教育，2020（4）：36-38.

⑥张亚光，曾丹旦. “三全育人”视域下高校科研育人探究［J］. 学校党建与思想教育，2021（1）：91-93.

育理念中，又体现在教育实践和系统设计过程中。这些学者的研究成果丰富了“三全育人”的内涵、内容，拓展了“三全育人”的载体，创新了“三全育人”的方法，形成了较为系统的“三全育人”的理论体系。

2. 高校“十大育人”研究

2017 年 12 月，教育部颁布《高校思想政治工作质量提升工程实施纲要》，指出全方位育人，并强调从要素、机制、评价、保障措施等方面着手，切实构建“十大”育人体系，即课程育人、科研育人、实践育人、文化育人、网络育人、心理育人、管理育人、服务育人、资助育人、组织育人。

国内关于“十大育人”的研究成果较为丰富，主要集中在“十大育人”体系的育人功能和体系构建研究。在“十大育人”体系的育人功能研究方面，各高校都积极运用“十大育人”体系对大学生进行教育，引导大学生在课程育人中坚定马克思主义信仰，在科研育人中提升科技创新精神。有学者强调，“立德树人既受外部环境的考验，又有着自身独特的运行规律。面对如此复杂的工程，只有将立德树人的德充分贯穿于十大育人体系的全过程，融入教育活动的方方面面，才能使立德树人得到保障和落实”。[①] 许多学者都强调了“十大育人”体系中的价值功能、德育功能等。在“十大育人”的体系构建研究方面，有学者指出，“高校要全面统筹办学治校各领域、教育教学各环节、人才培养各方面的育人资源和育人力量，从体制机制完善、项目带动引领等方面进行系统设计，构建一体化育人工作体系，实现各项育人工作的协同协作、同向同行、互联互通，也即有效整合‘十大’育人体系，形成一体化育人格局，发挥十大育人体系的育人合力作用”。[②] 以“十大育人”为载体促进学生的全面发展，全面落实“立德树人”的根本任务，以“三全育人”“十大育人”体系为基本架构，积极完善育人体制机制。新时代高校“三全育人”体系要把思想价值引领贯穿教育教学全过程，融入各门课程的课堂教学、社会实践各环节，融入从入学到毕业各学段，形成“十大育人”的长效机制。学者们的研究对于我们把握“十大育人”体系的育人功能、构建完善育人体系，落实“立德树人”的根本任务，形成全方位的育人格局具有启示意义。

1.2.3 关于高校科研育人的研究

高校科研育人是把高校科研工作与育人工作结合起来的一项系统工程，其与单纯的科研、育人工作相比，既有共性，但同时也有特殊性。因此，学术界在探讨高校科研育人问

①张茜. 大思政视域下高校“十大”育人体系整体建构研究［D］. 武汉：华中师范大学，2019：78.

②张正光. 构建高校思想政治工作“十大”育人体系的有效路径［J］. 高校辅导员学刊，2018，10（4）：1-4+9.

题时，首先对科研与育人之间的关系进行厘清，然后聚焦于科研育人的概念、价值、功能、存在的问题以及策略展开研究，形成了较为丰富的学术成果。

1. 高校科研与育人的关系

国内学者研究的首要问题在于科研与育人的内在关系，他们主要从二者的相互作用关系展开了研究。

（1）高校科研是培育学术科学道德与科学精神的重要方式。有观点认为，“高校科研的价值大于显性知识，因为科研活动过程中蕴含着诚信、求真、务实等道德品质，这些品质对于学生将产生潜移默化的作用”。[①] 此观点得到了一些学者的认同，比如有学者认为“高校科研活动中形成的师徒关系，将使导师对学生的道德素养产生直接的引导性作用”。[②] 这表明科学精神、科学道德虽然并不直接在科研活动中传授知识，但其蕴含着丰富的育人价值。

（2）育人是高校科研的重要使命。科学具有鲜明的工具价值，这是传统科学研究过程中较为常见的观点之一。但进入 21 世纪以后，国内学者在探讨科学研究问题时，将其育人价值也提到了一定的高度。比如有观点认为“高校科研必须担负起育人的神圣使命”，[③] “科学探索的根本目的在于为人所用。”[④] 依据上述观点，当前高校科研活动必须考量其育人价值，实现二者融合是当前高等教育的重要使命。

国外学者对“科学研究”与“人才培养”的关系开展了相关研究。洪堡指出，“大学的根本原则是在最深入、最广泛的意义上培植科学，并使之服务于全民族的精神和道德教育”。[⑤] 洪堡十分重视科研服务教学的需要，认为只有教师及时将自己的学术成果转化为教学内容，才能提高教学水平和育人质量。他提出了“由科学达至修养”的理念，指出大学的任务除了日常教学，还担负着科研工作，将教学和科研联接起来促进融合发展，培养学生多方面的素质。弗莱克斯纳对大学的本质职能作出了新的判断，他提出“大学的职能就是发展科学和培养人才，并就科研和教学的关系作出阐释，科研虽然从教学中分离出来，但科研必须促进人才培养”。[⑥]

1977 年，卡尔·西奥多·雅斯贝尔斯在《什么是教育》中指出，“大学教育的特色在

---

①柴旭东. 基于隐性知识的大学创业教育研究［D］. 上海：华东师范大学，2010：33.

②伯顿·克拉克. 探究的场所——现代大学的科研和研究生教育［M］. 王承绪，译. 杭州：浙江教育出版社，2006：268.

③刘香菊，刘在洲. 大学科研育人的价值意蕴与作用机理［J］. 高等教育研究，2020（8）：74.

④段治文. 中国近现代科技思潮的兴起与变迁［M］. 杭州：浙江大学出版社，2012：39.

⑤[德] 洪堡. 论柏林高等学术机构的内部和外部组织［M］. 高等教育论坛，1987：93.

⑥[美] 亚伯拉罕·弗莱克斯纳. 现代大学论——美英德大学研究［M］. 徐辉，译. 杭州：浙江教育出版社，2003：112.

教育的科学性上，它强调培养学生基本的科学态度”。[①] 1987 年，沙布尔·拉塞克等学者强调，“学校应该成为并且永远是一个适合学习、进行道德实验、思考和探讨真理以及自我培养的得天独厚的领地”。[②]

大学职能的逐渐完善与扩展，使现代大学中的人才培养、教学、科学研究与社会服务三者之间互为手段和目的，并相互联系、相互作用。育人是科研的一般功能，通过育人促进大学的科学创新，以致于促进社会发展。人才培养是高等教育区别于其他领域的本质特征，大学的一切工作包括科研都应围绕人才培养展开。

2. 高校科研育人的概念

高校科研育人是一种全新的育人理念，通过科学研究来对大学生进行思想政治教育，提高大学生科学研究水平的同时培养大学生各方面的能力素质，它的鲜明特征是将思想政治教育寓于科研活动之中。

（1）科学研究本身蕴含着育人。有学者认为，“所谓科研育人，简单地说就是通过科研来育人，或在科研过程中来育人。它指的是在我国高等教育中，通过让学生参加科学研究活动，并在指导他们开展科学研究的过程中，培养和提高学生的思想品德和科研能力，以实现高校育人的目标”。[③] 也有学者指出，“科研育人作为一个复合概念，由‘科研’和‘育人’两个方面组成。所谓科研就是从事科学研究，对已有知识进行反复分析探索出新的内容。而育人是人才培养中的重要方面，它不同于人才培养宏观性的教育概念，而是主要侧重于人格的养成、品格的塑造和素养的提升，是一个思想政治教育学范畴的概念”。[④] 还有学者强调，“大学科研育人具有丰富的内涵意蕴，以德为先，兼具创新能力提升和思想道德素质培养”。[⑤] “高校科研育人的时代内涵，也可称作时代任务，是回答高校科研‘育什么样的人’的问题”。[⑥]

（2）以科学研究为载体进行育人。有学者强调，“在大学中进行科学研究是因为科学要作为育人平台，在实践、研究中锻炼人才”。[⑦] 也有学者认为，“科研是特定人群以已知

---

①[美] 卡尔·雅斯贝尔斯. 什么是教育 [M]. 邹进，译. 北京：生活·读书·新知三联书店，1991：139.

②[罗马尼亚] S·拉塞克，G·维迪努. 从现在到 2000 年教育内容发展的全球展望 [M]. 教育科学出版社，1996：204.

③刘建军. 进一步重视科研在高校育人中的地位和作用 [J]. 中国高等教育，2015（6）：34-37.

④潘广炜，赵亚楠. 关于“科研育人”对提升研究生思想政治教育质量的思考 [J]. 学校党建与思想教育，2019（1）：69-71.

⑤毛现桩. 大学科研育人的内涵意蕴、本质特征与时代价值 [J]. 华北水利水电大学学报（社会科学版），2020，36（3）：43-47.

⑥阮一帆，徐欢. 高校科研育人探析 [J]. 思想理论教育导刊，2019（8）：152-155.

⑦龚克. 大学文化应是“育人为本”的文化 [J]. 中国高等教育，2010（1）：4-7.

世界为对象，通过探索性工作来创造新知识、新技术和新文明的过程”。[①] 高校以传播知识、探索科学为己任，通过一定的载体来研究高深学问达到教育人的目的。育人是高校的本质属性。

（3）以科研育人为模式进行育人。现代高校在发展过程中，形成了一些有效的育人模式，通过一定的模式去育人，可以达到立竿见影的效果。有学者认为，“科研育人是适应时代发展的育人模式，是指高校广大科研工作者在从事科研工作中对学生产生的有益帮助和积极影响，是一种有目标、有责任、有意识的教育引导行为，是培养大学生综合素质和创新能力的有效方式”。[②] 科研育人作为高校育人的一种手段，是适应教育改革发展的育人模式。只有推动高校科研育人，“科研活动中蕴含的整体人性才能得以彰显，这些丰富的人性品质才能真正成为大学生的内化感受，科研的过程才能成为大学生个性解放的主体性活动过程。没有体验到这一内在心理机制，大学科研将仅仅成为认知层面的求知，是无法达到育人境界的”。[③] 科研育人是高校教育创新发展的内在要求，加强对科研育人模式的构建具有十分重要的意义。

3. 高校科研育人的价值

站在不同的角度来看，高校科研价值的体现有所差异，总体而言，目前学术界认为科研育人具有深刻的社会价值、时代价值以及教育价值。

（1）高校科研育人的社会价值。社会价值强调的是高校科研育人对社会发展所带来的意义，目前学术界认为高校科研育人有助于在全社会营造良好的科研风气，有助于推进科技强国建设，有助于推动社会科技创新，等等。比如针对科研风气塑造的价值，有学者提出“科研活动过程中学生能否坚持基本的科研道德操守、形成崇高的科研道德修养，将直接影响整个社会科研活动的风尚习气。”[④] 在推进科技强国建设方面，有观点指出，“建设科技强国要求必须推进科研育人工作，培养具有创新思维、高尚道德的社会科技创新人才”。[⑤]

（2）高校科研育人的时代价值。“新时代赋予科研活动新使命，高校科研育人具有重要的时代价值，对于坚持社会主义办学方向，落实立德树人的根本任务，拓展思想政治工

---

①刘威卫. 回归大学育人本真：教学的研究性与科研的教育性［J］. 中国高等教育，2008（21）：29-31.

②陆锦冲. 高校科研育人：内涵·方向·途径［J］. 高等农业教育，2012（9）：3-5.

③李小平，刘在洲. 大学科研的本质特征及其育人意蕴［J］. 高等教育研究，2019，40（5）：70-75.

④魏强，李苗. 高校科研育人论析［J］. 思想理论教育，2018（7）：98.

⑤尹万东. 高校科研育人：价值、意蕴、问题与机制［J］. 北京化工大学学报（社会科学版），2019（4）：75-81.

作渠道，促进科技创新有重要的意义”。[①] 还有观点认为，“高校科研育人是新时代改革与创新发展的基本要求，是新时代建设创新型国家的重要支撑”。[②] 除此之外，还有学者提出“科研育人活动是催生时代新人的重要途径，高校学生是技术发明与创造的重要主体，必须以科研为载体，才能培养出新时代的社会主义接班人。”[③] 由此可以看出，高校科研育人具有丰富的时代价值，且在不同的时代语境下，其时代价值的内蕴特征存在差异。

（3）高校科研育人的教育价值。教育价值是高校科研育人的核心价值之一，学术界也对其展开了积极的探讨。有学者提出“高校科学研究不仅要出科学成果，而且还要培养人才。高校科学研究应以人才培养为导向，促进人才培养是高校科学研究义不容辞的责任”。[④] 有学者将科研育人的价值具化为十个方面，“科研育人是大学立德树人的内在要求，其价值追求是：引领学生树立科学报国、服务人民的崇高理想；激发学生追求勇攀高峰、争创一流的创新精神；勉励学生修养淡泊名利、甘于奉献的高尚情操；鞭策学生发扬勤奋刻苦、潜心钻研的拼搏精神；督促学生磨练不怕失败、愈挫愈奋的坚强意志；引导学生传承集智攻关、团结协作的协同精神；培养学生养成严谨求实、诚实守信的优良学风；启迪学生增强敢于怀疑、善于批判的问题意识；教育学生坚守求善求美、有律有度的科技伦理；指导学生掌握辩证唯物主义的世界观和方法论”。[⑤] 与此同时，有些学者强调，“科研是大学培养高质量人才的重要手段，科研促进了大学高质量创造性人才培养的教学方法和教育模式变革”。[⑥]“大学科研要培养人才，就必须使其具有教育性。大学科研是培养高素质人才的一条重要途径与手段，大学要在科研中真正体现与实现教书育人”。[⑦]“育人是大学科研的本质特征，增强高校的科研能力有助于提高高等教育质量、提升人才培养水平。尤其是高水平的研究型大学，硕士研究生和本科生都应该参加科研活动，以培养他们的科学精神和科学素养，以及创新意识和创新能力，达到理解、运用和创造的目的”。[⑧]

---

①刘在洲，段溢波．大学科研育人的时代价值与意蕴本源［J］．湖北社会科学，2019（8）：170-174.

②李小平，刘在洲．大学科研的本质特征及其育人意蕴［J］．高等教育研究，2019，40（5）：70-75.

③尹万东．高校科研育人：价值、意蕴、问题与机制［J］．北京化工大学学报（社会科学版），2019（4）：76-77.

④刘在洲，张恒波．促进人才培养：高校科学研究义不容辞的责任［J］．高等农业教育，2014（7）：3-6.

⑤刘在洲，谭梦媛，曾中良．试论大学科研育人的价值追求［J］．学校党建与思想教育，2020（15）：76-80.

⑥姚一兵．科学研究是大学高质量人才培养的重要手段［J］．南京医科大学学报（社会科学版），2005（1）：65-68.

⑦刘咸卫．回归大学育人本真：教学的研究性与科研的教育性［J］．中国高等教育，2008（21）：29-31.

⑧薛娇．育人是大学科研的重要任务——访清华大学副校长谢维和教授［J］．中国高校科技，2011（9）：11-13.

“科研育人，强调过程，通过师生学术共同体的建立，才能真正在教师与学生的对话交流中找到新的灵感与视野，获得知识的综合力量”。① 科研育人已经逐渐成为我国高等教育人才培养的前沿模式，科研与教学、文化传承融合成了一个完整和谐的育人平台。“科学研究在于出新理论、新成果、新方法。学生参与科研活动，不仅会培养他们的创新精神，而且会促进其个性发展。”［7］

在建设世界科技强国的背景下，国家十分注重具有创新精神和创新能力的人才。因此，高校科研育人顺应时代的潮流，又成为高校育人改革创新的突破口。

4. 高校科研育人存在的问题

虽然很多高校正在积极探索科研育人的方法和渠道，“科研育人的重要性在高校育人实践中得到体现，坚持科研育人已在高校广大教育工作者中形成共识。但是与高等教育的快速发展相比，我国高校推进科研育人工作还不均衡，还有很大的发展空间。”② 高校科研育人受到学术生态环境等因素制约，存在着亟待解决的一系列问题。

（1）高校科研育人主体存在的问题。科研育人工作需要多个主体共同参与，特别是高校、教师、辅导员、学生等主体，他们在科研育人活动中都扮演着不可替代的角色。因此，学术界围绕主体存在的问题展开了分析和研究。部分高校科研育人存在忽视教育主体导致参与者收获不大，教师中心的偏移导致学生评教的异化等问题。正如有的学者所指出的那样，“科研育人逻辑下，高校研究生思想政治教育仍面临着诸如‘科研至上’理念主导，导致教育主体缺位、科研实际参与有限导致教育获得缺乏等问题”。③ 因此，高校应着重于从思想认识层面转变育人理念，创新育人方式，从而提高高校研究生教育培养质量。还有学者指出“现代大学是教学与科研相结合的知识场所，大学教师兼具科研和教学两项职责，是融通科研与教学的关键”。④ 教师作为高校科研育人的主体，其重要性不言而喻，高校科研育人的教师意识有待提高。

（2）部分高校科研育人内容存在的问题。当前学者认为部分高校科研育人内容主要存在以下问题：一是科研育人评价指标不健全。比如有观点指出“当前科研育人缺乏完善的指标体系，导致在繁重的科研压力之下，一些教师并没有将科研与育人结合起来开展工

---

①王静，李俊秀. 科研育人：高等教育变革的动力［J］. 中国成人教育，2017（8）：30-32.

②陆锦冲. 高校思想政治理论课教师科研育人问题探析［J］. 思想理论教育导刊，2012（10）：65-68.

③魏舶，杨亚庚. 科研育人逻辑下高校研究生思想政治教育研究［J］. 学校党建与思想教育，2021（4）：59-61.

④周光礼，周详，秦惠民，等. 科教融合学术育人——以高水平科研支撑高质量本科教学的行动框架［J］. 中国高教研究，2018（8）：11-16.

作”。[①] 二是重成果轻科研道德培育。有观点认为“当前高校科研育人过于强调成果的重要性，而忽视了学生正确的科研道德观培育，这不利于培养优秀的科研人才”。[②] 三是协同育人面临障碍。有学者认为“高校目前协同育人主要面向的是本科生，硕士研究生与博士研究生实际上并没有畅通的协同育人渠道，这阻碍了科技成果转化的效率，不利于培养研究生的实践能力”。[③]

（3）部分高校科研育人保障机制存在的问题。高校科研育人是一项系统性工作，需要构建政府、社会、学校多个层面的保障机制，才能实现科研育人的目标。目前学术界认为高校科研育人在经费保障、环境保障、人员保障等方面都有待完善。在经费保障方面，有学者提出“近年来高校科研项目申请难度快速增加，导致一些导师缺乏必要的科研项目，进而影响其科研育人经费的来源，导致科研育人活动缺乏必要的经费保障”。[④] 在环境保障方面，有观点认为“当前一些地方高校科研氛围不浓，这会影响教师和学生在科研育人中的心态，不利于给科研育人提供充分的环境保障”。[⑤] 在人员保障方面，有学者提出“目前高校行政人员参与科研育人的动力不足，导致高校科研育人活动面临人员不足的困境”。[⑥]

5. 高校科研育人的策略

关于高校科研育人的策略研究，学者们一般从主观、客观两个方面去探究其问题背后存在的原因，找寻科研育人的科学路径。

（1）树立正确的科研育人理念。有学者指出，高校科研育人“要注重把理想信念教育、思想道德培育与科学知识传授、科研实践训练作为有机整体，充分发挥中国特色社会主义教育的优势，将思想价值引领贯穿于科研育人的全过程”。[⑦]

除了国内学者的研究之外，国外学者也对高校科研育人的实践路径展开了积极的探

---

①尹万东. 高校科研育人：价值、意蕴、问题与机制［J］. 北京化工大学学报（社会科学版），2019（04）：75-81.

②刘在洲，谢晨霞，刘香菊，张恒波. 大学科研育人现状、问题与对策——基于 H 省 4 所高校的调查［J］. 高等教育研究，2019，40（06）：79-85.

③［美］伯顿·克拉克. 探究的场所——现代大学的科研和研究生教育［M］. 王承绪，译. 杭州：浙江教育出版社，2001：221-223.

④毛现桩. 大学科研育人的内涵意蕴、本质特征与时代价值［J］. 华北水利水电大学学报（社会科学版），2020（3）：45-46.

⑤李小平，刘在洲. 大学科研的本质特征及其育人意蕴［J］. 高等教育研究，2019（5）：74.

⑥魏舶，杨亚庚. 科研育人逻辑下高校研究生思想政治教育研究［J］. 学校党建与思想教育，2021（4）：60.

⑦李雪梅，邹杉. “双一流”建设背景下的高校科研育人创新模式研究［J］. 高教学刊，2022（3）：28-31.

索，比如德国在洪堡时期就提出“由科学达至修养”的育人理念。有学者认为“德国大学与社会科学研究机构和经济界紧密合作，共同进行基础应用研究，为国家创新体系的建设培养了一大批的顶尖人才”。[①] 洪堡“将大学中师生之间的关系定义为一种互补合作的关系，教师是不为学生而生的，两者都是为了学术而共处”,[②] 提出了教师与学生之间平等地位的崭新理念。“1810 年，柏林大学创办，标志着现代大学的诞生，教学和研究相统一成为现代大学办学的目标和理想。适合培养学生研究能力的习明纳契合时代的要求。习明纳的兴盛是由现代大学教学的性质决定的。只有通过合作的方法，才能引导学生进入科学研究，这就是研究班的真正目的，它们是科学研究的苗圃”。[③] 卓越的办学理念和先进的科研育人意识，使得德国研究型大学成为 19 世纪最受赞美的西方高等教育机构，也推动了德国学术研究和科技创新水平的提升，直至第二次世界大战前在全球科学研究领域一直发挥着“灯塔”作用。

除了德国，另一个较早关注科研育人理念的国家是英国。早在 19 世纪，英国著名教育家约翰·亨利·纽曼在《大学的理想》一书中提到：学生只要在学校获得先进的教育理念，就会受益匪浅。纽曼认为，大学教学的功能，即培养良好的社会公民。他从自由教育的观点出发，认为大学传授的知识应该是具有普遍意义的真理。大学不仅要传承知识，更重要的目标在于发展人的理智，因此高等教育的目的不是进行狭隘的专业教育，而是提供知识的自由教育，以培养具有高尚德行、理性的、有教养的绅士。英国是一个重视学术探讨、有良好科学研究传统，并较早在大学开展科研活动的国家，它的高等教育十分强调人才培养的质量，注重大学教育为科学进步和社会发展服务。

二战后，美国逐渐成为西方科研育人领域的代表国家。可以说，美国科学技术的发展一直伴随着高等教育的发展，而科研往往是美国研究型大学乃至国家发展的核心引擎。“为了突破发展的瓶颈，美国研究型大学对传统学系实施了改革，主要包括鼓励纯粹学系与混合学系的融合，重视学系在社会实践中的应用，实施学系的对外开放战略等。”[④] “美国研究型大学之所以在二战后迅速崛起，这其中既包含着研究型大学内部治理体系、内容和规则的持续变革为其发展提供强大的动力机制，又有政府、社会和议会等组织的政策扶

---

①Lisa N. Pitot , Meena Balgopal. Science education reform conundrum：An analysis of teacher developed common assessments［J］. School Science and &Mathematics，2021：299-309.

②Y Wahyu et al. The Effect of science learning bases［J］. Journal of Physics：Conference Series，2020：3531.

③Weisberg Deena Skolnick et al. Knowledge about the nature of science increases public acceptance of science regardless of identity factors［J］. Public understanding of science（Bristol，England），2020：963662520977700.

④Michael Gr. Voskogloul. A Markov Chain Representation of Human Reasoning and Scientific Thinking［J］. American Journal of Applied Mathematics and Statistics，2020，8（2）：52-57.

持为其发展创造良好的外部制度环境。"[①] "美国研究型大学的核心竞争力、科技创新能力及高层次创新型人才培养成就是研究型大学能够立足和博得声名的基础。"[②] 有学者指出，在科研育人视角下分析美国高校人才培养的特征，能够为我国高校人才培养提供深刻的启示和很好的借鉴。

（2）完善科研育人的评价机制。科研评价机制是否完善直接制约着科研水平的高低。高校科研育人评价可以反映高校科研实力，揭示科研育人存在的问题，从而引导高校科研育人管理部门完善体制机制，营造良好的科研环境，推进高校科研工作的有序发展。有学者认为，"评价体系是推动高校科研育人的有效措施，以科研育人评价为核心，完善其他体制机制"。[③] 也有学者认为"将高校科研育人工作纳入科研考核体系是推动育人良性发展的有效手段"。[④]

（3）注重协同育人机制建设。有学者提出应建构"科教融合，学术育人"的理论框架，探索以高水平的科学研究支撑高质量本科教学的实施途径。此外，推进高等学校与科研院所、企业协同创新也是开放发展、合作双赢的有效途径。"发挥高等学校在学科建设和人才培养方面的优势，发挥中科院在平台、项目和团队等方面的优势，实现优势互补，实现科教协同育人的更大效益，从而将优质科研资源与人才培养过程整合起来，发挥学科、平台、项目和团队在创新人才培养过程中的引领、依托和纽带作用。"[⑤]

（4）强调多元主体参与科研育人。科研育人要发挥主管部门、高等院校、高校教师及学生主体等方面的作用，在育人意识、育人环境、育人方法、育人载体等方面协同发力。有学者指出，高校科研育人要充分发挥校园社团作用，通过社团活动激发大学生的科研兴趣，培养科研团队精神。也有学者指出，高校科研育人要充分利用本校科研创新的榜样人物来示范带动。还有学者指出，大学生作为高校科研育人的次主体，其内在的自我激励功能可以激励自己不断攀登科学高峰。高校科研育人把提升科研道德放在重要地位。"科研育人是立德树人的重要途径。教师寓德育于科研过程之中，通过科研活动对学生进行思想道德教育，引领学生树立正确的世界观、人生观和价值观，加强学生的科研理想、科学道德、科学精神、科研方法教育，提高学生的政治、思想、文化、心理素质等，是高校的历

①Giuseppe Longo and David Gauthier. SCIENTIFIC THOUGHT AND ABSOLUTES［J］. Angelaki，2020.

②Sacco Angelo and Magnavita Nicola. Actuality and originality in the scientific thought of Angelo Iannaccone（1925-1982）［J］. Giornale italiano di medicina del lavoro ed ergonomia，2020，42（1）：44-47.

③魏强，李苗. 高校科研育人论析［J］. 思想理论教育，2018（7）：97-101.

④陆锦冲. 高校科研育人：内涵・方向・途径［J］. 高等农业教育，2012（9）：3-5.

⑤金祥雷，赵继. 推进高校与科研院所合作构建科教协同育人平台［J］. 中国大学教学，2013（5）：21-22.

史使命和神圣职责。”① 高校科研育人多元主体只有坚持以科研理想教育铸魂，以科学道德教育奠基，以科学精神教育固本，以科研方法教育提质，才能达到育人目的。

综上所述，国内外学者对于科研职能、科学研究与人才培养的关系作了深入探讨，虽然他们未明确提出“科研育人”的说法，但是有关“科研育人”的理念早就进行过系统的阐述，其形成的理论成果和实践经验，对我们当前开展科研育人研究具有重要的借鉴意义。

1.2.4 研究评述

从以上的文献分析可知，依据“科学——高校科研——高校育人——高校科研育人”的主题脉络，国内外学术界形成了较为丰富的研究成果，近年来国内外学者越来越重视高校科研育人问题，对其概念、维度、类型、功能都进行了阐述，对其建设形势也有所考察，从历史的角度较好地把握了我国高校科研育人的发展脉络，对建设过程中暴露出来的问题、解决的初步思路也进行了探究，取得的成果为本研究奠定了一定的理论基础。就高校科研育人的研究而言，目前学术界的研究呈现出三个方面的特征：

1. 注重科研育人的理论创新。一直以来高校育人就是学术界研究的重点方向，近年来学术界逐渐聚焦于科研育人。但是学术界对科研育人的理论研究不够深入，还没有形成理论范式，对科研育人的研究一般停留于“是什么”“怎么做”的层面，缺乏更深层次的探究。特别是关于科研育人存在的问题是什么，原因是什么，如何育人等问题，可以说学术界鲜有探讨。目前，学术界取得的成果显示，高校科研育人的内在规律是什么，运行机理又是如何运行的，理论逻辑是怎样展开的，等等，问题都没有得到系统的解决。可以预见，围绕着科研育人的研究越来越深入并且日益被重视，研究将侧重于科研育人的理论探讨，努力建构科研育人的理论框架，努力建构科研育人的运行机理，形成一系列创新的理论观点，推动科研育人研究取得更为丰硕的理论成果。

2. 注重科研育人的体系建设。目前，学术界基于不同目的，从不同的视角来对科研育人进行探索，或是育人理念、或是育人方式、或是育人队伍、育人评价、或是育人策略，等等，往往探讨一些常见的现象，得出一些有益的观点，也提出一些有效的做法，总的来说对科研育人的研究并没有形成一定的育人体系。当然，随着高校教育改革的发展，构建科研育人体系已经刻不容缓。可以预见，在科研育人越发被重视的背景下，学术界将会重点关注如何构建高质量的科研育人体系。

3. 注重科研育人的价值引领。目前，除了国家各部门的政策文件要求之外，学术界

---

①刘在洲. 高校科研育人的内涵、特征与实践方略［J］. 思想理论教育，2021（3）：106-111.

也越来越关注科研育人思想价值层面的研究，学术界或者挖掘科研育人的内涵，或是探讨科研育人的价值，或者研究科研育人的精神，或者浅析科研育人的成效，等等，可以知道，学术界关于科研育人的研究都不同程度地涉及到科研育人的思想价值层面。在高校意识形态建设越发重要的背景下，注重科研育人的价值引领已经成为共识。可以预见，科研育人具有思想政治教育的价值，必将成为我国高等教育研究的热点。学术界从思想政治教育学的视野关注科研育人的思想政治教育价值，更加注重科研育人的价值取向研究，探讨科研育人所具有的价值功能。

但学者们对高校科研育人的研究均侧重于某一个角度、某一个方面，没有开展高校科研育人的机理研究，更没有形成全面的系统性研究。具体而言，当前学术界针对高校科研育人的研究还存在着以下不足。

1. 专门性研究成果不多。国内学者多是在高校育人研究中提及科研育人问题，较多地涉及科研与人才培养、教学与德育的关系，较少地专门关注科研育人，研究内容宽泛而不聚焦，对高校科研育人问题剖析不够深入。

2. 缺乏系统性研究分析。高校科研育人的内涵是与时俱进的，已有研究在“为什么要进行科研育人”这个问题上理论说服性不够。此外，研究的系统性不强，虽提出了一些科研育人的方法途径，但并没有制定出系统的指导方案，理论和实践研究都还有进步的空间。

3. 对新时代科研育人所面临的新挑战、新环境分析不够。在不同的时代，高校科研的条件有所差异，也就意味着高校育人的方式也必须不断创新。而从新时代高校科研的条件来看，“数智化”“全媒体”“人工智能”等等，都是新时代高校科研所必须面临的新环境，但当前学者对于这些环境下科研育人的具体模式关注不够。

基于此，面向新时代建设“双一流”高校的理论与实践要求，选取高校科研育人作为研究对象，开展专门性、系统性研究，清晰界定其概念内涵，剖析其运行机理，借鉴教育学、思想政治教育学等学科的育人体系，继承发展我国高校以及域外高校在长期实践中积累的育人经验，完善高校科研育人机制，将是本研究开展的重点工作。

1.3 高校科研育人的相关概念

育人、科研育人与科学研究、科学教育、科学精神、科学道德，这 2 组概念内部之间含义相近，在使用时极易被人们混淆，且它们从不同的角度和方面揭示了科研育人的本质，有必要对它们加以辨析。

1.3.1 关于育人、科研育人的概念

1. 育人

育即教育、培养，育人就是培养人，塑造人，改造人；即对受教育者进行德育、智育、体育、美育等多方面的教育、培养即为育人；其目的是使受教育者通过教育后，得到全方面的发展，进步，使人成长为社会需要的、身心健康的人才。

育人属于一种教育理念，兴起于上个世纪 80 年代末。育人是高校教育的本质属性，高校开展教育教学就是为了育人。大学生的成长成才中离不开育人，育人是塑造人的灵魂的教育。育人是高校教育主体在教学实践及思维活动中形成的对“教育应然”的理性认识和主观要求。

2. 科研育人

科研育人是指通过科研活动来培育人；即发挥育人的主体作用，寓思想政治教育于科研实践，开发人的科研创新能力，训练人的科研方法，树立人的正确价值取向，提高人的道德素质。

高校科技工作者引导大学生参加科研活动，不仅能训练大学生的科研能力和科研方法，而且还能将品德教育融入其中，培养学生崇尚创新、严谨、求实、敬业等科研精神，成为“良好技能+优秀品格”的时代新人。

科研育人是高校教育创新发展的迫切要求，是高校教师提高教学水平和质量的有效方法，是培养大学生创新能力和提升素质的重要途径，是改进思想政治工作的客观需要。

1.3.2 关于科学研究、科学教育、科学精神、科学道德的概念

1. 科学研究

科学研究是指运用抽象思维对某些事情或事物的现象以及存在的问题进行调查、检验等一系列活动，在此基础上采用分析、综合等方法，来揭示事物或事情的内在联系、内在规律，探寻事物或事情的真相，达到掌握客观事实的过程。科学研究的过程一般分为五个阶段，即确立课题、设计课题、资料整理、探索求真、取得成果。科学研究通过发现、探索和解释自然现象，深化对自然的理解，寻求其规律，容不得半点主观。这就是求真，科学研究实际上也就是人们从事科学领域或学科范畴内的研究，是一个解决问题或矛盾的全过程。

2. 科学教育

科学教育是指对教育对象进行科学知识普及指导，一般以高校的教学为主渠道，采用

多样化的教育方法，掌握科学知识，培养人的科学精神，端正人的科学态度，提高人的创新能力的教育。科学教育即STS（Science，Technology，Society）教育，起源于美国，也称科学教育体系，随着科学革命的不断发展而形成。科学教育的内涵与“科学”内涵的理解紧密相关。科学教育是一个求真、求知的活动，真知、真理包括事实之知、客观之知、价值之知。事实之知、客观之知也可以称为科学知识或理论理性，以认识、掌握和改造客观世界为目的。

3. *科学精神*

科学精神，就是求真的精神。科学精神是在科学发展过程中形成的积极向上、健康奋进的一种稳定的精神状态。科学精神具有感染功能、激励功能、调控功能、示范功能、教育功能等，在科学研究过程中起到凝神聚魂的作用。科学精神在科学工作者的身上表现出发愤图强、自强不息、艰苦奋斗、勇于创新等方面的品格。科学精神倡导自由探索，不迷信科学权威；倡导怀疑批判，敢于打破常规；倡导科学道德，抵制学术造假。科学精神是科学工作者进行科学研究所遵循的基本精神，影响着科学工作者对待科学研究的态度。

新时代的大学生是建设世界科技强国的主力军，努力造就培养大学生崇尚科学、舍身求法、精益求精的科学精神，是新时代高校教学改革的方向。

4. *科学道德*

科学道德是指科学研究中的道德行为规范。科学道德影响着科研的环境，决定着科研育人的成败。科学道德是科学工作者在科学研究活动中所表现出来的行为符合学术风尚，符合学术道德伦理，符合学术价值取向。科学道德在科学工作者身上往往与个人的人格、素质融合在一起，体现出科学工作者的个人魅力。科学道德犹如海上的灯塔，我们只有在科学研究的海洋中遵守相关的科学道德，才能确保科学研究的航向不偏，并且最终到达科学成果的彼岸。

1.4 研究的思路、方法及创新点

1.4.1 研究的思路

高校科研育人的影响广博而久远，它所涉及的理论丰富而庞杂。从国内外的研究来看，高校科研育人的研究随着高校功能的日渐丰富而受到越来越多人的重视。本研究以马克思主义关于人的全面发展理论、人才培养观、认识论、实践论、中国共产党人的育人观、思想政治教育学以及其他学科相关理论为理论依据，在考察高校科研育人内涵、要素的基础上，系统论证高校科研育人的必要性、价值意蕴；以高校科研怎么育人为核心轴，分析高校科研育人的运行机理；以我国部分高校的部分师生关于科研育人的情况为调查对象，科学规范地展开精细化实证调查研究，分析我国高校科研育人面临的挑战和现实困境；结合域外高校科研育人的基本经验，提出在现实条件下我国高校科研育人的具体实践运行方案；探索出既遵循思想政治教育育人规律，又符合我国高校科研育人规律的实践创新路径。本研究将以此作为研究框架，分成六部分进行分析和阐述。主要研究论题如下：

第一，阐明高校科研育人的理论基础。高校科研育人是建立在马克思主义关于人的全面发展理论、人才培养观、认识论、实践论、中国共产党人的育人观、思想政治教育学以及其他学科相关理论的理论基础之上。通过梳理不同理论中关于高校科研育人的理论观点，寻求理论支撑，为本研究奠定坚实的理论基础。

第二，分析高校科研育人的内涵意蕴。考察我国高校科研育人的内涵、要素、必要性、价值意蕴，回答高校科研育人是什么、为什么的问题，指出高校科研育人的本质、意义、重要性和价值。

第三，阐释高校科研育人的运行机理。从高校科研育人的内在运行规律和原理入手，分析高校科研育人的组织机理、驱动机理、作用机理、反思机理和优化机理，回答了科学研究“何以能育人”的本质问题，为存在的问题和如何进行有效的解决提供方案。

第四，开展高校科研育人的现状调查。本研究主要采用量化研究与质化研究相结合的研究范式，以问卷调查为主，辅之以访谈。调查数据利用 SPSS 软件进行分析，运用描述性统计分析、均值分析、相关性分析等方法，探索各维度变量之间、各维度变量与总体变量之间的内在关系，推导不同人群统计学变量下的维度变量关联，以认识我国高校科研育人的现状及成因，为对策研究提供解决思路。

第五，总结域外高校科研育人的基本经验。通过对域外高校科研育人的案例剖析，归纳总结域外高校科研育人的基本经验，学习域外高校科研育人的成功典范，为我国高校科研育人提供借鉴。

第六，探索高校科研育人的实践创新路径。结合我国高校科研育人、思想政治工作面临的挑战以及高等教育的发展趋势，坚持以问题为导向，以长效育人为目的，探索出高校科研育人的实践创新路径，回答了高校科研育人怎么做的问题。

1.4.2 研究的方法

1. 文献研究法

通过知网数据库、网络、图书馆、学院资料室进行检索以及文献阅读，梳理出国内外与高校科研育人相关的专著和文献178篇（部），内容涉及思想政治教育学、哲学、教育学和心理学等学科领域，并对文献资料开展了横向、纵向分析和归纳总结，为论文的理论研究和实践探索奠定基础。

2. 调查研究法

本论文选取国内部分高校的部分师生为对象，开展问卷调查研究，获取高校科研育人的真实情况，分析当前我国高校科研育人的现状以及存在的问题，为高校科研育人路径与策略的构建提供科学的数据支撑。但是仅从表面数据得出的结论难以反映出深层次的问题，因此本研究采取质性访谈法作为问卷调查法的补充，对教师进行灵活、深度的访谈，从而使得到的结论更加真实，能够反映出一些更为深层次的问题。

3. 比较研究法

梳理德、法、英、美、日等域外高校科研育人的实践经验，对中外高校科研育人的运行情况开展比较分析，作为构建我国高校科研育人路径与对策的重要借鉴。

4. 跨学科研究法

以马克思主义理论、思想政治教育学为主要理论基础，同时吸收借鉴历史学、教育学、心理学、统计学、科学学、社会学、人才学等多学科的相关研究成果，拓宽高校科研育人的研究视野。

1.4.3 研究的创新点

1. 研究视角的创新

学术界围绕高校科研育人的探讨，呈现出理论研究较多，实证分析较少的态势。有的学者探讨科研与育人之间的关系，大部分学者基于不同视角聚焦于育人队伍、育人方式、育人机制、育人策略等层面的研究。相较之下，科研育人的系统性、完整性研究明显不足，研究成果则更为缺乏，显然与我国高校教育改革创新的现实要求极不相符。鉴于此，融合多学科，从高校科研育人体系化的视角进行系统化研究，旨在建构更有实效性的系统化育人模式和思路，才能从实质上推动高校科研育人进程。

2. 研究内容的创新。

本研究从高校科研育人的内在运行规律和原理的角度，分析高校科研育人活动中的组织机理、驱动机理、作用机理、反思机理和优化机理，为发现高校科研育人存在的问题，提供机理解决方案。主要提出以下观点：

（1）高校科研育人的运行机理架构划分为五个环节：组织设计（组织机理）、驱动实施（驱动机理）、建构生成（作用机理）、检视反馈（反思机理）、提升改进（优化机理)，各环节之间密切联系，交叉渗透，在整个高校科研育人过程中综合发生作用，形成动态循环的高校科研育人五环。

（2）依托现代信息化科研育人管理平台，通过大数据、云存储、5G、人工智能、物联网等技术，快捷、准确采集科研育人实施的过程数据，跟踪记录全程育人以及各环节的状态，达到提升高校科研育人水平，有效实现高校科研育人目标的目的。

（3）组织机理揭示高校科研育人运行机理组织设计环节的内在运行规律和原理，是高校科研育人运行机理的灵魂；驱动机理揭示高校科研育人运行机理驱动实施环节的内在运行规律和原理，是高校科研育人运行机理的关键；作用机理揭示高校科研育人运行机理建构生成环节的内在运行规律和原理，是高校科研育人运行机理的核心；反思机理揭示高校科研育人运行机理检视反馈环节的内在运行规律和原理，是高校科研育人运行机理的重点。优化机理揭示高校科研育人运行机理提升改进环节的运行规律和原理，是高校科研育人运行机理的根本。

（4）高校科研育人每一个育人环节都是一次育人活动的过程，是育人的积累螺旋循环升华的过程，是复杂的系统和动态的教育过程；高校科研育人每一次育人项目的完成并不意味着科研育人的结束，而是科研育人站在更高的起点上长期往复循环的育人过程。

第二章 高校科研育人的理论基础

任何问题的研究都需要理论的观照。高校科研育人是推动高校广大师生提高政治觉悟、思想道德等方面素质的重要育人形式，在遵循相关理论的基础上才能创新发展。马克思主义以与时俱进的理论品质指导高校科研育人不断前行，马克思主义认识论为践行高校科研育人提供了基本的认识方向、马克思主义实践论为发展高校科研育人提供了实践指南、马克思主义关于人的全面发展理论为高校科研育人的目的提供了根本指针。同样，思想政治教育学相关理论也为高校科研育人提供了教育学依据，如思想政治教育育人功能论、思想政治教育过程论等。在相关理论的指导下，可以进一步推动高校科研育人工作，为我国高校科研育人实践提供理论渊源。

2.1 马克思主义相关理论

2.1.1 马克思主义关于人的全面发展理论

人的全面发展是马克思主义追求的最高理想和目标。早在1848年，马克思和恩格斯在《共产党宣言》中就宣告："代替那存在着阶级和阶级对立的资产阶级旧社会的，将是这样一个联合体，在那里，每个人的自由发展是一切人自由发展的条件。"① 人的全面发展是指人的精神、人的身体、人的行为、人的能力、人的道德等层面得到足够的提升。人的素质的全面提高和个性的自由发展是人的全面发展理论的重要组成部分，而这个主要任务是靠教育的全面发展来推动的。中国共产党人高度重视人的全面发展，把它落实到教育制度上，体现在教育方针上，并把它作为教育实践的理论依据。新时代教育的使命在于塑造全面发展的学生，即德、智、体、美、劳的发展，特别是科研能力的提高和道德素质的提升。因此，科学素质的进步是人全面发展的题中之义。

马克思主义关于人的全面发展理论关键在于人的素质得到不断提高，特别是大学生的

①马克思恩格斯选集（第1卷）[M]. 北京：人民出版社，1995：294.

综合素质全面提高，是高校科研育人素质教育的根本指针。高校科研育人是促进人的全面发展的重要手段，是实现育人工作全面性的重要一环。从思想政治教育的角度来探讨高校科研育人，最主要的就是培养大学生的创新素质、科学素质、科学能力素质等。一方面，面对百年未有之大变局以及世界发展大势，高校科研育人通过提升大学生的科学素养来培养大学生的系统思维能力、应对复杂事情的能力。另一方面，面对高校科研育人能培养学生的思想政治素质，在学生的成长成才过程中具有重要的整合作用，它为学生的其他方面素质的培养提供导向和动力；能增强学生的社会责任感，从而提高学生的担当精神和责任意识。

马克思主义关于人的全面发展理论要求培养大学生正确的世界观、人生观、价值观，给高校科研育人的价值取向指明了方向。一方面，面对世界上一些科技热点事件，高校科研育人通过“科技面对面”的研讨交流形式，提升大学生对科技为谁服务的认知，引导大学生用科技报国，培养爱国情怀。另一方面，面对复杂的社会利益问题，高校科研育人通过思想引导来提高大学生明辨是非的能力，培养大学生的科学精神和集体主义精神，树立崇高的个人理想和社会理想，升华个人的精神境界。总之，科研育人通过提高人的思想政治素质，为人的全面发展奠定坚实的基础。

马克思主义关于人的全面发展理论是高校科研育人的重要理论基础。科研育人是促进学生全面发展的重要手段，促进了新时代大学生的全方位发展，不断推动完善高校人才培养目标。

2.1.2 马克思主义人才培养观

马克思主义人才观主要由马克思人才观、恩格斯人才观和中国化的马克思主义人才观三个部分构成。马克思主义人才观包括人的需要理论、人的本质理论、人的全面发展理论等，给世界特别是中国人才理论的发展奠定了重要的理论基础。

马克思主义人才观指出，人才的活动是合目的性与合规律性的统一，反映出人才与时代的关系，反映出时代性。人才是社会发展的基石，时代需要的产物，一定的社会物质基础及条件决定着人才的存在状态。马克思指出，“人类始终提出自己能够解决的任务，因为只要仔细考察就能发现，任务本身，只有在解决它的物质条件已经存在或者至少是在生成过程中的时候，才能产生”,[①] 人才的素质和行为必须符合历史发展的方向和要求，符合时代要求与需求。马克思主义人才观还指出了人才成长和培养的规律，对高校科研育人实践提供了重要理论指引。因此，高校科研育人要在遵循理论与实践相统一的原则的基础

①马克思恩格斯选集（第1卷）[M]．北京：人民出版社，2012：104.

上发挥人的主观能动性，要在理论与实践的创新中大力培养、选拔和使用人才，鼓励学生积极开展科研实践，把课堂上学到的知识转化为现实生产力。

马克思主义的人才观强调人才培养要与人民利益保持一致，反映出人才与人民的关系，突出群众性。人才在社会中的实践活动，是为维护人民群众的利益服务的。高校科研育人是为国家培养创新型德才兼备的人才，科研的目的的是为了人民，要引导学生明白人民至上的立场，不断引导学生明白科研创新是为了人民，科研创新也靠人民去推动。

马克思主义的人才观强调，要培养全面发展的人才，反映出人才与教育实践的关系。恩格斯在《共产主义原理》中强调，人才应该具有“信念执着”“志存高远”“道德高尚”等基本素质。恩格斯认为，人才是在实践中教育和培养起来的。他指出，未来社会要注重培养具有先进技术的人的能力。同时，教育使人能够发挥主观能动性去了解整个社会的现实状况，使人能够尽可能抵消社会带给人的不良影响，最终全面发挥他们的才能。

马克思主义人才观强调，人才是推动经济社会发展的重要因素。当今世界，知识经济已成为世界经济的主流，人力资本最终决定一个国家的经济发展速度和效益。经济发展和社会进步的重要推动力量是人才。因此，人才在科技创新和高新技术产业化中，具有不可替代的决定性作用。在物质生产方面，人才作为重要的生产要素，不仅具有一般生产要素所具有的“生产功能”，而且具有其他生产要素所不具备的提升自身以及发展自身的“独特功能”。马克思主义人才观对于高校科研育人处理好科技与人才、科技与教育的关系以及建设世界科技强国具有重要的理论指导意义。

2.1.3 马克思主义认识论

马克思主义认识论是认识主观世界以及客观世界的一种方法论。马克思主义强调，“唯物主义认识论坚持从物质到意识的认识路线，认为认识从实践中产生，随实践而发展，认识的根本目的是为了实践，认识的真理性也只有在实践中得到检验和证明；认为认识的发展过程是从感性认识到理性认识，再由理性认识到能动地改造客观世界的辩证过程；一个正确的认识，往往需要经过物质与精神、实践与认识之间的多次反复；社会实践的无穷无尽决定了认识发展的永无止境”。①

马克思主义认识论作为一种科学研究方法，对科学研究的创新和突破起到了重大作用。科学研究是人类认识自然、改造自然最直接的方式之一。在历史上，人们不断尝试科学技术的探索方式和自然规律的认识方式。比如人们早期对自然现象的解释，仅仅依靠了主观臆断，将很多自然现象的本质解释为超自然的力量，直到马克思主义的产生，将人类

①马克思恩格斯选集（第1卷）［M］. 北京：人民出版社，1995：217.

对自然现象的解释科学化。马克思主义认识论围绕自然、社会和人类思维的普遍联系与发展规律，进行了较为全面的论述，为所有学科的科学方法提供了理论依据。

马克思主义的认识论本身也是在不断发展的，也就是说随着科学的发展，人们对它的认识也是在不断加深的。今天所产生的控制论、信息论和基于科技发展的系统论，使人们对客观世界的认识又上了一个大台阶。“三论”被一些学者认为是深化和具体化了的马克思主义的认识论。马克思主义认识论是具有普遍性的真理，所有的科研工作都必须以马克思主义认识论为指导，有了它才能顺利开展科研工作，少走弯路；而少了这一指导，研究工作就会走歪路、误入歧途。在其指导下，各种具体方法才能发挥效用，但具体的研究方法却无法起到替代作用。正确具体的研究方法还必须熟练掌握，才能达到研究的目的，完成研究的任务。各种研究方法既有各自的特点，又不能相互替代，既有层次上的不同地位，又有过程上的不同安排。比如，只能用历史法来研究以往的情况；而对未来形势的估计，也只能用预测法了。在现况的研究中，如果研究到的现象是研究者直接观察到的现象，则选择观察法较为合适；若仅以间接的方式即可认识，则以调查法或文献法为最佳方案。实验方法适用于根据存在的假想来求证出一定的结果；反之，追因法或经验总结的方法，用于根据结果来探寻原因；要想知道准确的数量，一定要用测量的方法；而对大量数据的整理，则需要采用统计学的方法。各种具体的研究方法，都有它的优点，也有它的缺点。研究者应结合研究者自身条件，根据研究的目的、对象、内容和研究过程的需要，选择最适合自己的方法进行研究。

马克思主义认识论对所有的科学研究，尤其是教育科学研究的指导作用都是很强的，它提供了一种方法论。熟练掌握和正确应用具体的研究方法，是以马克思主义认识论为指导的科研活动过程中的基本原则，能够确保科学研究的顺利进行，能够确保科研育人活动的正确方向。只有坚持马克思主义认识论中的相关方法，才能正确地开展科研育人活动。

2.1.4 马克思主义实践论

马克思主义的实践论是指主观作用于客观，是主观与客观相互影响的实践论，包括客观对主观的必然，同时也包括主观对客观的必然。实践论提出的根本意图是指导人们认识世界、指导人们依据对客观事物的深入认识来改造世界。实践能够检验理论，发展理论，相反，理论也会对实践产生作用，正确的理论会推动实践的发展，而不正确的理论会妨碍实践的进行。在高校科学研究中，只有把正确的理论与实践相结合，才能取得最好的效果。马克思主义实践论是哲学社会科学研究创新与发展的基础与方法论。哲学社会科学研究必须遵守的基本原则是：在实践中发现问题、提出问题、概括和归纳实践经验，并运用实践来检验理论与发展理论。

马克思在《关于费尔巴哈的提纲》中这样认为："人的思维是否具有客观的真理性，这并不是一个理论的问题，而是一个实践的问题"。[①] 一切方法的最终目的是用于实践，实践是人类的社会活动，是人类对物质世界的变革。实践的实施需要具备实践主体、实践手段和实践对象三个要素，才能综合起作用。通过不断的实践，各种事物原有的本质与规律才能将人类的主观思想变成现实，因此实践既是衡量我们取得成果的方法，又是我们全新认识的开端，我们必须在认识的各个环节中把握好实践环节。真正的马克思辩证唯物主义，其实质上承认了外在物质与意识的交互作用，而不能否定其客观的相对独立。所有行为实践的主体是人，实践的矛盾冲突就是人的矛盾冲突，其所反映的基本规律就是人的运动规律。人的行为范畴其实集中体现为实践的行为范畴。在实践基础上的研究方法也强调了理论的检验和理论的发展都要在实践中进行。理论研究是为了指导实践，理论自身也在接受实践检验中实现飞跃。科研不仅要总结归纳，更重要的是自觉接受实践的检验。理论成果从实践中来，周而复始，生生不息。惟其如此，才能使理论更加丰富，更加完备，更加发扬光大，才能使实践不断走向成功。所以，我们在科学研究中，应特别注意将理论与实践结合起来研究，不能孤立地就理论而研究理论，也不能片面地就实践而实践。

马克思主义实践论为我们进行科学研究提供了正确的世界观和方法论。马克思主义实践论是推动时代变革、国家创新发展的一个重要理论基础。实践本性决定了马克思主义是具有开放发展的、与时俱进的理论体系，从而保持它具有当代价值，不会因僵化而过时。从高校科研育人的发展演进来看，都是通过实践活动达到培养人、教育人的目的。科研育人是人类社会普遍进行社会实践活动的不可或缺的部分。科研育人作为高校育人的重要实践形式，与课堂教学、思想政治教育等具有共同特征。

2.2 思想政治教育学相关理论

思想政治教育学就是关于思想政治教育发展规律的学科。思想政治教育的基本原理是高校科研育人相关研究的基本依据。思想政治教育学中关于人的思想品德形成发展规律、思想政治教育育人功能论、思想政治教育过程论都为本研究提供了基本遵循和重要方法的依据。

2.2.1 人的思想品德形成发展规律

人的思想品德形成发展规律，表现为在一定的客观外部环境下人的思想品德连续不断的

①马克思恩格斯选集（第1卷）［M］. 北京：人民出版社，2012：16.

发展过程中，形成的一种稳定的思想状态，它是一个无限循环、循序渐进的内在发展过程。通过对文化经验的总结、文化心理的培育，通过对思想意识的检视和反思，确立起正确的价值观，从而影响其思想认知，同时基于基本需求和行为动机，使其行为不断得到修正，逐渐形成一种相对稳定的思想品德体系。“人的思想品德形成发展规律，是指人们通过参与社会意义性活动，在文化环境影响与心理生物机制的交互作用下，以需要满足为动力，以文化经验的积累和文化心理的培养为基础，经过由知到行的无限循环和阶段性反思评价，逐渐形成和发展自身的思想意识和品德结构的过程。”① 人的思想品德是在主体内部的思想矛盾运动中产生、发展和变化的，它建立在社会实践的基础上，受到客观外在因素的影响，是主客观因素相互影响、协调的结果。个人思想品德的形成发展是个人品德与教育的协调发展、个人品德与环境的互动作用、个人品德的内在转化。大学生思想品德形成和发展的过程，是一个内化与外化辩证统一的过程，是心理、思想、行为三者之间内在相互联系的过程。思想品德形成发展的规律，对思想政治教育特别是科研育人有重要的意义。

“科研育人就是依照教育和人的发展规律，立足于大学生科研学习的各个环节，不仅关注学生的科研活动，也重视思想政治教育的重要性和连续性，从而发挥科研育人的持久影响力并建立师生学术共同体的过程。”② 因此，高校科研育人就是根据学生的思想品德形成和发展规律，通过科研来提高学生的思想品德、科研能力和各方面素质，达到高校育人的目标。

高校育人只有根据学生的思想品德变化发展规律，形成思想品德的情感与信念，才能转化为外部的思想品德行为，从而有效地推动学生将外部的思想品德要求转化为个人内在的思想观念和价值认知。高校科研育人只有掌握学生思想品德形成和发展规律，才能在科研育人中更好地培育学生的思想品德。

2.3.2 思想政治教育育人功能论

思想政治教育具有十分显著的育人功能。“思想政治教育功能也是一个关系范畴，是指思想政治教育系统内部诸要素之间相互作用时产生的结果，表现为思想政治教育对社会发展和对人的发展所起的作用。”③ 思想政治教育的功能主要有：导向功能、保证功能、育人功能、开发功能，其中育人功能是人的思想品德形成发展规律的运用，是思想政治教育的基本功能。高校思想政治教育的育人功能不仅是培养全面发展的学生的内在要求，更是高校思想政治教育蕴含的个体价值所在。“高校思想政治教育的育人功能主要是针对在

①李焕明. 人的思想品德形成发展的机制与规律［J］. 临沂师范学院学报，2004（2）：62-65.
②李小平，刘在洲. 大学科研的本质特征及其育人意蕴［J］. 高等教育研究，2019，40（5）：70-75.
③张耀灿，陈万柏. 思想政治教育学原理［M］. 北京：高等教育出版社，2001：176.

校大学生，对其进行多角度、深层次、系统化、理论化的思想及政治行为的教育，以期提高他们的各项素养，进而使大学生意识到自己的主体地位，从而实现人的全面发展。人的思想政治素质是人最重要的素质，不仅决定着人的发展方向，而且直接影响着人的智力、体力的发展。"[①] 高校思想政治教育育人功能即通过教育载体把先进积极的思想观念、人生价值等传授给大学生，期望提升他们的精神品位，丰富他们的内心世界。思想政治教育是生产和传递精神财富的有力工具，同时对于社会的精神生产又起着直接的指导作用。习近平指出："高校思想政治工作实际上是一个解疑释惑的过程，宏观上是回答培养什么样的人，如何培养人以及为谁培养人的问题，微观上是为学生解答人生应该往哪儿努力、对谁用情、如何用心、做什么样的人的过程。"[②]

科研育人是通过科研活动培养、提高学生的思想政治素质、完善学生人格来实现育人的目的。高校科研育人功能是对马克思主义关于人的全面发展理论的继承和发展，通过科研活动来影响学生智力、体力、道德素质的形成、发展，促进学生的全面发展和进步，实现培养时代新人的使命。

高校科研育人的目标要通过科研活动过程来实现，其中的育人机理蕴含在这些过程当中。从哲学的观点来看，科学研究活动不仅可以培育为人处世之道、修身养性之法，还具有改造世界、造福人类的功能。"凡是科研机构都要研究学术，当然，在开展科研过程中也培养年轻人，但那是其衍生物，不是主要的任务。只有大学又要开展科研，又要培养人才，而且要用科研成果来培养人才。"[③] 高校科研育人是通过科研活动的这个媒介，去实现"教育人"的功能。所以，将德育教育、科学精神等育人元素以"盐溶于水"的方式融入到日常科研活动中，是我国高校创新发展的必然要求。科学研究对于大学生的求学生涯有其特殊之处，它不仅是沟通社会和学校的桥梁，还有显著的育人功能。因此，教师将科研能力的提高与学生思想道德的提高密切结合，才能更好地为国家培养人才。

2.2.3 思想政治教育过程论

唯物辩证法认为，过程是现实事物或活动产生、发展、变化的连续性在时间和空间的表现。思想政治教育的过程理论是建立在一定社会所期待的思想政治素质的过程理念，教育者根据某种社会思想品德要求和被教育者的思想实际状况，为促进其内部思想的冲突，达到所期望的要求，对被教育者施加有目的、有计划、有组织的教育。思想政治教育的过

---

①徐志远，周政龙．论现代思想政治教育学基本范畴及其体系的构建原则［J］．学校党建与思想教育，2018（15）：14-19.

②张耀灿，陈万柏．思想政治教育学原理［M］．北京：高等教育出版社，2001：148.

③顾明远．大学文化的本质是求真育人［J］．教育研究，2010，31（01）：56-58.

程理论揭示了思想政治教育的规律，遵循其理论依据，是实现教育活动的科学基础。正确认识和掌握思想政治教育过程理论，可以帮助我们更好地进行育人工作，增强工作的预见性、科学性和实效性。

高校科研育人过程是思想政治教育过程的重要形式和体现，研究它的过程机理，首先要明确思想政治教育过程的内涵、要素及其运行机理，这些有助于把握育人过程的矛盾，构建高校科研育人作用机理的逻辑起点。“思想政治教育过程，是教育者根据一定社会的思想政治要求和受教育者思想政治素质形成发展的规律，对受教育者施加有目的、有计划、有组织的教育影响，促使受教育者产生内在的思想矛盾运动，以形成一定社会所期望的思想政治素质的过程。这个过程的实质就是把一定社会的思想观念、价值观点、道德规范转化为受教育者个体的思想品德。思想政治教育过程是一个活动过程，是思想政治教育活动的展开、运行、发展的流程。”① 高校科研活动过程中的科研方案制定、科研报告撰写以及导师言传身教的教育活动，这些都具有一定的规律性。“思想政治教育过程的规律就是指思想政治教育过程各要素之间的本质联系及其矛盾运动的必然趋势，如存在于教育过程中的教育者和受教育者之间的联系及其互动趋势，社会要求的思想品德规范和受教育者个体品德的联系及其相互作用的方向。”② 科研活动过程中的规律不仅推动着高校科研育人的发展，也反映了高校科研育人的作用机理。高校科研育人的内涵、要素、环节、作用机理以及目标实现都蕴含在育人过程中。

2.3 其他学科相关理论

高校科研育人的研究既具有理论性，又具有实践性，与大学生思想品德的形成发展、成长成才密切相关。本研究的理论依据既包含马克思主义及思想政治教育学相关理论，也包含协同理论、西方高度教育学、科学学等学科理论。

2.3.1 综合性学科的协同理论

协同理论（Synergetic theory）是20世纪70年代由德国物理学家哈肯首先提出，通过对系统论、信息论、控制论、突变论等学科的研究而逐渐形成的系统科学领域的一个分支。协同论强调，不同的系统存在着相互影响、相互合作的关系，虽然其特性也不尽相

①张耀灿，陈万柏. 思想政治教育学原理［M］. 北京：高等教育出版社，2001：146.
②张耀灿，陈万柏. 思想政治教育学原理［M］. 北京：高等教育出版社，2001：158.

同，但是在整个环境中表现出有序的系统协同。协同论是一种新型的学科，它对各种事物的共性和协同机制进行了探讨。协同理论包括多个学科，其中的一些理论为探测其他学科未知领域提供了有效的方法。协同理论的主要内容可以概括为协同效应、伺服原理、自组织原理三个方面。协同理论广泛适用于教育、管理等社会科学研究领域。

以大学生为教育对象的高校科研育人本身具有较强的不确定性，使得科研育人系统相比其他类型育人更加复杂。高校科研育人与协同理论中的序参数理论相吻合，表明协同理论在高校科研育人体系中是可以应用的。高校科研育人是由若干要素或者若干子体系构成的，把高校科研育人工作作为一个整体体系来抓，是创新高校科研育人工作的关键。高校科研育人工作涉及到高校工作的方方面面，所以高校各个育人部门之间必须加强纵向与横向联系，既需要分工合作，又需要密切配合，相互促进，共同育人。因此，从组织原理、协同效应、服务理论等方面构建高校科研育人工作协同育人体系，必须建立起价值认同、责任主体、绩效考核等体系。

2.3.2 西方高等教育学相关理论

20 世纪 50 年代以来，随着科学技术的迅速进步、高等教育的迅速发展、高等教育的体制和形式的多样化、高等教育机构的教育教学过程的复杂化，传统的教育学已无法满足要求等因素的影响，高等教育这一新兴学科应运而生。西方从上世纪 60 年代开始进行高等教育的理论探索和研究。《比较高等教育》1976 年由英国 P · G · 阿尔特巴赫出版，在世界范围内开辟了 3000 多种关于高等教育研究的著作目录。美国卡内基高等教育委员会广泛开展高等教育研究，出版了 30 册报告。高等教育理论著作《高等教育原理》于 1977 年由美国 J · S · 布鲁巴克出版。苏联自 20 世纪 60 年代以来也进行了比较系统的高等教育理论研究，出版了 N · N · 科贝利亚茨基的《高等学校教育学原理》、C · N · 阿尔汉格尔斯基的《高等学校教学理论讲义》等一些高等学校教育学方面的著作。《高等学校教育学原理》课程大纲也由苏联高等和中等专业教育部出版。在教育的基本原理、教育的基本规律、教学过程等方面，高等教育学与普通教育学是一致的。但是，由于高等教育是以培养经济和上层建筑各部门高等专门人才为主的普通文化科学知识为主的专门教育。主要学习内容有：基础概念、大学生的心理特征、教育原理、教育规律、教育方法、教学过程等。

在教育学的视域下，学校教育是有组织、有计划、有目的培养人的活动。具体而言就是根据社会发展的需要，按照明确的方向，选择适当的内容，采取一定的方法，在固定的时间和空间，对受教育者进行系统的培训和学习，使他们获得系统的科学文化知识和技术技能，并且形成一定的思想道德品质的过程。高校科研育人是高等学校教育的重要有机组成部分，其过程与教育学中的教育活动高度契合，因而，可以借鉴教育学中关于教育规律和活动的基本原理。

国外高等教育学关于大学本质和功能的研究对高校科研育人研究具有一定的借鉴意义。教育是人类社会特有的一种社会现象，是人类特有的一种有意识的活动。大学教育的本质必须关注于自我的完善，关注于以修养自身为核心的人的全面发展。美国著名教育家约翰·杜威提出了“教育即生长”“教育即生活”“教育即经验的不断改造”的观点。教育本质观是杜威整个教育思想的核心，具有其独特的内涵和意义。他强调“道德是教育的最高和最终的目的”“道德过程和教育过程是统一的”。在杜威看来，德育在教育中占有重要地位，道德才是推动社会前进的力量。

亚伯拉罕·弗莱克斯纳在《现代大学论》中指出，现代大学教育的功能有：“1. 教育性。教育性是大学的一种基本属性。大学作为一种科学、社会服务机构，要把学生培养成为符合知识经济时代要求的、掌握实践技能的高水平复合型人才；同时，大学在传授知识、为科研和社会服务的过程中，向人们大规模、稳定、持续地传播专业知识。大学以培养人才为核心，是新时代知识创新和传播应用的主要基地，是先进文化的代表者。2. 创新性。从本质上讲，大学教育应该是培养具有创新知识的创新型人才的创新教育。大学是人类思想和知识创新的源泉——知识经济的制造者。大学的创新主要是指知识的创新，因为知识的发展是连续性和阶段性的统一。3. 国际性。大学是国际知识生产体系中的重要环节，教育资源的跨国配置已成为普遍现象。”[①] 西方高等教育学关于大学的本质、功能的论述对于高校科研育人有一定的启发。高校科研育人的开展不能脱离大学的本质和功能属性。我国高校科研育人的本质就是通过科研活动对学生进行思想政治教育，发现学生知、情、意、信、心的变化，培养学生科学、正确的世界观、人生观、价值观、道德观，进而实现为党育人、为国育才的目的。

思想政治教育学遵循教育学的基本原理、原则和方法。思想政治教育依据和借鉴教育学原理、原则和方法开展实践和研究。本文研究的重难点是高校科研育人作用机理，也就是要揭示受教育者接受教育内容、实现教育目的原理，这也是教育学研究的重要内容之一。就教育内容来看，教育学研究的一个重点就是德育问题，“作为研究教育问题的教育学，不得不研究，探讨德育问题”，[②] 这些研究中涵盖的内容、原则、方法都是高校科研育人过程机理的重要参考。科研育人活动既有德育，也有智育，是课堂教学的延伸，科研育人过程与教育学中教育活动高度契合，研究高校科研育人的理论需要把握和借鉴高等教育学中关于教育规律和教育活动的基本原理和理论。

---

①[美] 亚伯拉罕·弗莱克斯纳. 现代大学论［M］. 杭州：浙江教育出版社，2001：53.

②富维岳，唱印余. 教育学［M］. 长春：东北师范大学出版社，1991：267.

2.3.3 科学学相关理论

科学学是从某种特有的角度，研究科学和科学活动的发展规律及其社会功能（影响）的综合性新兴学科。“科学学从整体上考察科学的社会功能和地位，揭示并运用科学技术的发展规律、分析科学研究的体系结构、预测科学发展的趋势、生长点和突破口，制定科学发展的战略、策略和各项科学决策，为科学研究的组织管理提供最佳的理论和方法，促进科学技术同经济、社会协调发展。”① 科学学的研究对象和研究目的规定了科学学主体内容的两大方面：一方面是关于科学技术事业的认识内容，另一方面是如何利用这些知识的应用内容。认识内容包括科学技术的性质、特点、分类、体系结构、社会功能、发展规律、未来趋势等等。

科学学可以帮助人们提高对科学技术事业社会作用的认识和重视程度；可以为国家制订发展科技的路线、战略、政策提供理论依据；可以促进科学技术的组织管理工作，实现合理化和提高效率；可以帮助科技研究人员扩展知识宽度、推进思维深度和提高创新能力；等等。

科学学又分为科技人才学和科学教育学。“科技人才学主要研究的内容是科技人才自身运动的规律。德、识、才、学、体是科技人才的五个基本要素，思想品德修养和科学道德修养，又是识别和选拔优秀人才的基础，也是培养、教育科技人才的准则。科技人才学要研究不同领域内的科技人才的素质结构，不同类型科技人才的创造性劳动的特点及应具备的知识、能力结构、研究方法、科学态度、组织管理等问题”。② 科技人才的发现、选拔、培养、使用、考核、晋升的理论、政策和方法。科技人才管理的核心问题是开发人才的能力，通过各种有效途径，最大限度地调动人才的积极性，不断提高人才的创造能力。成果与人才是密切相连的，人才的使用与培养又是密切相关的，在使用过程中培养人才，把培训工作与科学技术的实践活动紧密结合，是培养人才，早出人才，快出人才的重要途径。“科学教育学是一种以传授基本科学知识为手段（载体），以素质教育为依托，体验科学思维方法和科学探究方法，培养科学精神与科学态度，建立完整的科学知识观与价值观，进行科研基础能力训练和科学技术应用的教育。”③ 科学教育涉及到观念、价值观、方法、道德等众多教育领域。科学教育是培养专门科技人才，提高全面科学素养，通过现代科技知识和社会价值的教学，使学生掌握科学概念、学会科学方法、培养科学态度，从而了解现实中的科学与社会相关的问题，从而更好地提供解决对策。科学教育是构建一个

---

①钱学森. 科学学、科学技术体系学、马克思主义哲学［J］. 哲学研究，1979（01）：20-27.

②杨继瑞. 运用人才经济学培养青年科技人才［J］. 高校理论战线，1993（02）：56-60.

③顾志跃. 科学教育概论［M］. 北京：科学出版社，1999：16.

完整的科学知识和价值观，通过科学研究的基本能力训练和科技应用教育，达到素质能力教育的目的。科学教育与人的发展和社会发展的关系是科学学研究的基本问题。

研究高校科研的育人机理，其核心是研究受教育者在科研活动中思想品德形成与发展的过程，从科学学角度深入挖掘并厘清作用机理，揭示育人规律。科学教育学作为教育学和思想政治教育学的双重分支学科，其关于道德认知、情感、意志、行为的理论也可以为高校科研育人研究提供理论依据。

第三章　高校科研育人的内涵意蕴

什么是高校科研育人？如何有效界定高校科研育人？只有对相关概念、内涵进行清晰厘定的情况下，才能揭示高校科研育人的特征。对新时代高校科研育人“育什么人、怎么育人、为什么育人、谁来育人”，要有准确的认知，避免科研育人的内涵泛化、形式单一化、功能弱化、力量分化。同时，需要阐述清楚高校科研育人的要素、时代价值以及内在意蕴是什么，才能为下一步研究提供可操作化的方向。

3.1　高校科研育人的内涵

“育人”，是所有时代、所有国家的教育始终不变的目标，不同在于“育什么样的人，为谁育人”。作为高校育人体系的重要内容，高校科研育人主要就“育什么人、怎样育人、为谁育人”这一根本问题进行解答。学者们对高校科研育人的内涵从内容、功能等方面展开了深入的探讨。从不同学科、不同育人要素的视角来看，高校科研育人的内涵有不同的表现。

3.1.1　不同学科视角下的内涵表现

从教育学的角度审视，高校科研育人就是遵循教育学的规律、方法和原则，在教育学理论的指导下育人。高校科研育人通过对各类教育学问题的探索与揭示，构建起完整的科研育人理论系统。高校科研育人通过与教育教学育人相配合，以培养学生科研能力为核心目标，组织指导学生开展科学研究活动，从而达到全面育人的目标。

从思想政治教育学的角度审视，高校科研育人的核心是“育人”，它是思想政治教育学范畴的育人理念，它把思想政治教育放在科学研究中。因此，高校科研育人是指高校在科学研究活动中逐步培养完善学生的个性，塑造思想品德高尚、政治素质优良的人才。高校科研育人与思想政治教育是统一的，它具有思想政治教育学学科与课程的教育作用，真正实现学术研究与思想政治教育学学科属性的统一。

从心理学的角度审视，高校科研育人是指高校主体遵循学生心理发展规律，通过心理教育实现科研育人目标，通过科研育人实践促进心理发展，两者高度统一，在更深的层面真正实现学生的心理与人格健康发展，强调科研过程中学生的主体体验与感悟，鼓励学生在科研活动中思考、完善自身的创新发展。

3.1.2 不同要素视角下的内涵表现

从育人理念的角度审视，高校科研育人是一种全新的教育理念，它是通过组织大学生参与科研实践，锻炼科学思维，提高能力素质，培养创新人才等一系列活动的总和，通过科研更新知识、创新育人方式方法、丰富育人载体、创设育人环境等，来带动教学与科研的发展。高校科研育人思想的提出，将高校科研与人才培养有机地结合在一起，打破传统育人模式，构建起新的育人模式，是我国加快建设创新型国家战略进程中的一项新课题。

从育人目标的角度审视，高校科研育人是中国特色社会主义高校为了顺应国际科技发展的趋势，占领科技竞争和未来发展的制高点，突破重大技术瓶颈，掌握前沿、核心关键技术，培养具有创新精神和爱国情怀的科技人才。

从育人内容的角度审视，高校科研育人的价值和目标可以概括为拥有崇高的科研理想（首要任务）、规范的科学道德（主要内容）、求真的创新精神（核心价值）、前沿的科研方法（工具选择）等。崇高的科研理想教育旨在培养学生的家国情怀和爱国主义精神，引导学生把爱国情、报国志融入科技创新驱动发展的征程中，实现中华民族的伟大复兴。规范的科研道德教育旨在使学生养成甘于奉献、淡泊名利的情怀情操，在科研中严于律己，遵守科研诚信，坚守严谨庄重的科研伦理，以严谨治学、实事求是的精神，锐意进取，去实现争创一流的成就。求真的创新精神教育旨在培养学生的质疑态度，探索科研发展规律，提升自主创新能力，推陈出新，开发未知，贡献智慧。前沿的科研方法教育旨在训练学生熟练辩证地对待事物发展的方法论，教育他们掌握科学方法。

从育人形式的角度审视，育人形式就是在具体实践活动中通过什么途径和形式实施科研育人。科研育人的途径包括学生参与教师的课题研究、独立承担项目研究、协同完成学位论文、深度参与社会实践、团队协作实验实习、项目带动创新创业等科研活动。科研育人的形式包括导师言传身教、同伴朋辈影响、环境隐性熏染、个体自我感悟、学校制度约束等，把内化和外化统一于主体。

从育人层次的角度审视，高校科研育人可分为三个层次：最高层次的高校科研育人应该是达到人的全面发展；基本层次高校科研育人特指学生养成所需要的精神、道德、素质、能力；具体层次的高校科研育人是指学生收获的科研知识、科研技能、科研方法等理论层次的知识。值得注意的是，高校在科研育人的过程中，三个层次不是逐层上升的，是相互交织发展螺旋上升的，从感性知识层面上升到理论认识层面，从而达到人的全面发展。

综上所述，高校科研育人的内涵既有个性化的表征，因不同学科在科研知识、技能、方法等方面存在其特殊性；也有普遍性的内涵，是因为高校作为追求知识和培育人才的高级组织形态，必然遵循知识发展的逻辑和人才培育的规律。

鉴于这一判断，通过上文的分析，高校科研育人的内涵概括如下：高校科研育人是以科研活动为载体实现育人功能的过程。具体而言，就是在高等教育中，高校通过指导学生参与科研活动，培养学生的科学素养和创新能力，提升学生的思想政治素质，锤炼个人意志品质，养成高尚的职业道德情操，最终实现学生全面发展的过程。

3.2　高校科研育人的要素

高校科研育人是一整套系统化的教育实践活动，本质上是科研与育人之间的动态交互的过程。高校科研育人的整个实践活动由不同的要素组成，至少包括主体、客体、理念、内容、工具、环境等要素，各要素之间相互联系、相互影响，具有关联性。张耀灿针对思想政治教育提出的“四要素”说（育人主体、客体、介体和环体），是高校科研育人要素的重要组成部分，给高校科研育人提供了思想政治教育学的要素理论。高校科研育人的主客体是育人的实施者和接受者，而介体是指在主客体之间建立联系的中介因素，环体是指科研育人的环境因素。随着主体间性理论在思想政治教育学科的兴起，主客体间的关系逐渐演化为“互为主体”或“共为主体”。这种变化改变了科研育人各要素间的影响配比，也使科研育人环体，即外部微观环境因素的影响愈加明显，如家庭等前置性要素、学校等全过程要素、网络等拓展要素。这些要素在科研育人过程中，相互联系、相互结合、相互影响、相互作用、相互制约，构成了高校科研育人矛盾运动的过程。探究高校科研育人过程机理各要素之间的普遍联系，揭示了高校科研育人的规律，优化了高校科研育人的运行过程，为认识高校科研育人的矛盾运动奠定基础。总之，高校科研育人能够在思想政治工作中发挥理论和实践价值。

3.2.1　科研育人的理念要素

理念，通常具有两种解释：一是对事物的主观看法，认为事物是怎样的、会发展成什么样子、应该是什么样子，这是一种对事物的认可；二是观念，主要体现在价值观上对一定普遍现象的认同，是建立在理智基础上的宏观认识概念。科研育人的过程虽然是一种实践活动，但是实践是主观意识支配下的实践，受主观意识的直接影响。理念要素对高校科研育人的实践过程起着导向性作用，决定着科研育人的方向和力度。因此，高校科研育人的过程，应当包含培养何种人、如何培养人、为谁培养人的理念要素。

习近平指出“高校的思想政治工作关系高校培养什么样的人、如何培养人以及为谁培养人这个根本问题”。① 这句话具有深刻的哲学思想，对指导高校科研育人实践过程是十分重要的。首先，培养什么样的人，事实上就是指科研育人坚持何种理念去指导研究实践，是科研育人过程的重要构成要素。培养什么样的人具有深层次的意蕴。一是高校科研育人坚持立德树人，紧扣育人目标，完善育人体制机制，并切实保障实施，这是科研育人过程的前提。二是高校科研育人要求育人者具备良好的品格和正确的价值观。理念具有传染性，这种传染性并非生物意义下的传染，而是指思想层面的传染。正确的价值观念以及端正的科研态度与崇高的科研精神，是科研育人成功的前提。教师可以通过这种方式，向学生传达正确的理念，帮助其树立科研报国、科技兴国的正确价值取向。其次，如何培养人的问题，事实上是人才培养计划的执行问题，是如何做的问题，是措施问题，是实践的问题，同时也具有思想层面的意义。科研育人的归宿在于育人，育人是一种实践活动，是一种过程化活动，但是育人活动的开展，仍然需要科学合理的规划，并非漫无目的地运行。如何培养人终究关乎理念问题，受到理念的支配，理念的正确与否直接关乎科研育人的成败。最后，为谁培养人，事实上是为什么要科研育人的问题，是育人的性质问题，是高校的办学方向问题，是高校立校为党、办学为国的理念问题。高校科研育人要以马克思主义为指导，要坚持党的全面领导，特别是政治领导、思想领导等，坚持科研育人是为党育人、为国育人。

3.2.2 科研育人的主体要素

科研育人的发生必然是一种行为的发生，而行为的发生必然是人的社会行为的发生。因此，科研育人是人的社会行为的内容之一。社会行为的产生一定是建立在行为主体的基础上的，由主体要素实施科研育人。科研主体是对客体起驱动作用的科研活动的承担者、发起者和实践者，是构成科研育人的重要组成部分。科研主体以通过一定的方式引导和促进客体的身心发展变化，特别是促使其身心发生符合预期的变化。科研主体通过育人工作体系和系统科学的工作方法在科研育人诸要素及其相互关系中起主导作用。

谁是科研育人的主体？在理论界，对于这个问题存在一些分歧。一些学者认为，科研育人的主体是单一状态的主体，因为主体具有对象性，是对应关系。因此，科研育人的主

①习近平．把思想政治工作贯穿教育教学全过程开创我国高等教育事业发展新局面［N］．人民日报，2016-12-09（1）．

体是指教育者，而客体是学生。此类观点将教师作为科研育人的绝对权威，强调的是教师在科研育人过程中的主导地位。另外一些学者认为，科研育人过程中的主体应当是双主体结构，不仅包括教师，还应当包括学生。此类观点的理由是教师当然作为科研育人的主体，因为教师在很大程度上具有教学与科研的权威性，在科研活动中多占据主导地位；但是，“学生也应当是科研育人的主体，因为学生参与科研活动，实际上也是科研活动的主体，不同的是学生大多数作为次主体而存在，并不在科研活动中占据主要地位，但这并不妨碍学生成为科研主体。”① 本文采用后一种观点，即科研育人过程中的主体是双主体结构，教师是科研活动中的主导性主体，而学生是科研中的次要主体。而且，科研育人包括科研与育人两个方面，教师是育人主体，学生通过教师的传授、学习和自我教育实现创新进步。因此，在自我教育的视角下，学生也是育人的主体。此外，在协同育人的背景下，科研育人的主体应从高校单一主体向高校、教师、政府部门、行业企业、科研机构等多元主体转变。

3.2.3 科研育人的内容要素

科研育人的内容要素是核心所在，指科研育人的过程是如何进行的，具有哪些具体的东西。对于科研育人的内容要素，学界有以下四种不同观点：“①单要素说，认为科研育人就是对学生的道德培育，仅仅借助科研形式开展实施；②双要素说，认为科研育人的内容包括思想道德与政治培育。认为政治也是科研育人过程的要素之一。③三要素说，认为科研育人的内容包括思想道德、政治、法律，认为科研育人应当在法律框架内进行，因此没有理由不将法律内容作为育人过程；④四要素说，认为科研育人的内容包括思想道德教育、政治教育、法律教育与创新能力教育。”② 当前四要素说的认可度较高，因为科研本身虽然作为育人的载体，但并非仅作为载体而存在，科研本身在育人的过程中具有实质性内容，是学生创新能力提升的关键。

科研育人内容要素的四个方面虽然在形式及内容上有所差异，甚至分属不同学科，但是共同组成紧密连接、不可分割的整体系统。其中，政治教育要素是科研育人的原则指引，掌握研究的方向，防止发生偏斜，也为科研育人的外延进行界定，防止越界；思想道德要素是科研育人的主要内容，在科研育人的过程中占据主导地位，为科研育人提供世界观和方法论，对其他要素也具有明显的指导作用；创新能力要素是科研育人的推动力量，在科研育人的过程中起着载体作用，主要突出了对学生创新能力的培养及创新精神的塑

---

①王敏，曾繁仁. 高校大美育体系的现代化建构［J］. 中国高等教育，2017（7）：7-10.

②张婧. 美育与思想政治教育的辩论关系［J］. 理论观察，2017（2）：137-139.

造；法律要素是科研育人的底线指导，但它不同于政治教育指导，而是从国家制度上予以“法治”范畴指导。

3.2.4 科研育人的工具要素

高校科研育人的顺利开展离不开相应工具支撑，它是大学生经历科研过程的重要载体。工具要素是科技创新的关键要素，但是这里探讨的工具要素并不是传统意义上的实物类设备工具，而是指科学研究的过程中采用的科学方法、途径、评价和政策等等工具。因此，工具要素指在科研育人的过程中所采用的方法、达成目标的途径以及评价工具，是科研育人的介体，是教育者与被教育者联系的桥梁或纽带，它们共同彰显着高校科研育人独特的育人价值。

一是科研育人的方法要素。在目前的教育改革中，科研方法要素已成为一种关键要素。科研育人方法要素或是理念、或是技术、或是手段、或是事物，作为一种教育活动媒介，它为探索未知领域、了解研究对象提供帮助。科研育人方法要素在科研育人中承载着科研育人目标的实现。目前，由于信息技术的发展，加强科学方法因素的创新，使得科研育人成效得以预见，或是成效明显。在高校科研育人中，常见的科研育人方法要素有榜样示范法、实践锻炼法、自我修养法等，均是行之有效的方法。

二是科研育人的途径要素。途径是事情发生联系所需要的条件，如果这种条件不具备，事物之间就不能发生联系。途径与方法并不相同。方法侧重于事物完成的方式，即如何做才能够完成这件事情；而途径更侧重于采用哪种方式才能从这里到达那里，科研育人的途径事实上就是采取何种模式才能够达成育人目标。科研育人途径是科研育人方法的载体，没有途径，方法也没有利用的空间。因此，科研育人的途径也叫科研育人的组织形式。高校科研育人的途径一般有分阶段育人、分角色育人、分课堂育人、分平台育人等。

三是科研育人的评价要素。评价工具是科研育人过程中对学生表现出的探究能力和对科学探究的理解。评价工具注重科研育人过程中学生科研能力的发展。评价工具的运用，对提升学生的科学研究能力具有十分重要的作用。评价工具用于高校科研育人过程中，有对于评价不达标的个案，可以及时给予警醒的作用。

四是科研育人的政策要素。高校科研育人的政策要素是指政策目标、政策环境、法律法规等多因素，这些因素在科研育人过程中有激励效应或抑制效应。

3.2.5 科研育人的环境要素

科研育人的环境要素指的是科研育人所受到的外部影响。教育环境和教育主体、客体、介体一样，是构成高校科研育人活动的先决性、基础性的前提条件和外部条件。环境要素有狭义与广义之分。狭义科研育人的环境要素指作为载体的科研过程中影响科研活动发展的外在因素。例如科研人员的组成、科研项目的难易程度等。“广义科研育人的环境要素指在整个过程中对科研与育人两个部分所有的外部影响，并不仅仅限于对科研活动的影响。例如，大学的科研氛围、科研育人的政策规划等。”① 本文采用广义的解释，科研育人是一个较为集合性的概念，容易受到多重外部影响，注定了应当从多方面着手推动科研育人的发展。高校科研育人过程的环境可分为家庭等前置性要素、学校等全过程要素、网络等拓展要素，贯穿科研育人的全过程，起着保障作用，决定着育人的可能性转化为现实性的程度，并影响科研主体的育人决策和实施、育人内容的抉择和管理、育人工具的选择和优化。虽然所处的时空并不相同，但是各环境之间具有普遍的联系，也具有一定的特殊性。一是复杂性特征。科研育人的环境所处时空场域较为多样，因此具有一定的复杂性；二是具有重合性。这主要是从空间场域而言，家庭环境在一定意义上也属于社会环境的组成部分，因此互相之间有交叉重合性；三是具有一定的虚拟性。这主要是基于网络信息技术的发展与普及，使得网络和新媒体成为家庭生活的必备，这就使得原本在现实中发生的交际，能够在虚拟的网络出现并发展，这种事实上的互动交流具有一定的虚拟性。

3.3 高校科研育人的必要性

3.3.1 提升高校“三全育人”实效的必要选择

为加强高校学生的思想政治教育工作，大力发扬爱国主义精神，中共中央、国务院在《关于加强和改进新形势下高校思想政治工作的意见》和全国高校思想政治工作会议精神中，开创了“坚持全员全过程全方位育人（简称“三全育人”）的新局面，将高校建设成为培养和塑造大学生良好思想政治素质和道德品质的主阵地和主战场，这就对我国的高校思想政治教育提出了新的要求。”② “三全育人”理念是顺应新时代、新形势的思想政治育人理念，符合新时代中国特色社会主义建设的需要，为高校的人才培养建设提供了新的方向。贯彻落实“三全育人”理念，是新时代高校开展德育工作的必然要求，也是新时代我国高校科研育人的充分体现。

1. 高校科研育人为高校落实“三全育人”理念提供了有效的实践路径

“三全育人”强调德育工作“为先”，将“育人”落实到每一个人，抓到每一个人，

①黄上芳. 制度德育论的贡献与局限 [J]. 浙江教育科学，2018 (5)：17-19.

②教育部办公厅. 关于开展“三全育人”综合改革试点工作的通知 [Z]. 2018.

贯穿到每一个教育环节，运用各种方式来“育人”。“三全育人”理念要求将高校科研育人工作的主线和中心，融入全员、全过程、全方位、各要素，实现一体化发展。“三全育人”通过激发一切育人要素，挖掘所有资源，通过全员、全过程、全方位的育人，紧紧围绕“培养什么人”“怎样培养人”“为谁培养人”的教育问题。为大学生创设全方位、立体式的育人时空，形成思想道德素质养成“大熔炉”。“三全育人”与高校科研育人理念相适应相一致，均是以培养高素质人才为己任。因此，高校科研育人为高校落实“三全育人”理念提供了有效的实践路径。

“三全育人”是对高校科研育人机制、育人方法和育人模式的一次深刻变革。高校科研育人是“三全育人”的重要组成环节，其指导思想是将正确的政治方向、价值取向、学术导向体现到科学研究的各个环节，将思想政治教育贯穿科研始终，提升学生创新意识和专业兴趣，引导学生树立学术诚信、严谨求实、开拓创新、敢为人先、勇攀高峰的科研精神。在习近平新时代中国特色社会主义思想的指引下，高校应深入贯彻落实全国高校思想政治工作会议和全国教育大会精神，始终围绕“三全育人”的核心内容，充分发挥科研优势和人才优势，不断提升科研育人成效。“三全育人”与科研育人具有不可分割的紧密联结，实施科研育人是践行“三全育人”时代要求的必然路径。

2. 科研育人践行了“三全育人”的全方位、全过程特征

高校科研项目具有一定的运行逻辑，大学生参与科研项目也应当遵循一定的逻辑进路，这主要涵括几个方面：一是科研目标的选择。目标的选择是科研工作的首要任务，关系科研行进的方向。同时科研目标也与专业方向保持基本一致，这就在实践中培养了大学生的洞察力及判断力。二是科研项目的研究设计。这主要包括科研计划的制定、科研进程的管控等。大学生参与科研项目的设计，能够有效地锻炼自身的创造力、协作力及独立思考的能力，对自身专业知识的增长也是有益的；三是科研项目进行与发展。在这一过程中，不仅能够锻炼大学生发现问题、解决问题的实践能力，也能够在科研工作中养成其耐心、奋斗、不畏困难的品格。四是科研成果的获得。这能够激发大学生的成就感，使其感受到自我价值与集体价值的实现，帮助其树立正确的价值观与进取心。因此，科研工作本身所具有的全方位特征，能够在多方位、全过程对大学生进行全面培养。

3. 科研育人践行了“三全育人”的全员特征

全员育人主要从教育资源的角度进行考量，认为：“高校的首要任务在于育人，因此要充分释放教育人力资源的动能，实现教师的全员育人。而科研育人正是这种要求的客观

体现。科研育人是教育与科研工作的结合。"① 在传统的高校教育实践中，从事科研的教师并非全部投入到教育工作中，而是在任务分工上具有一定的差异性。例如，高校科研工作者并不直接参与教学，而参与教学的老师并非全部开展科研工作。科研育人则要求教师在科研工作中，引导学生加入，通过科研活动对其进行全过程培养，这就在一定程度上强化了教师的育人力度，促进了全员育人的发展。

3.3.2 贯彻立德树人根本任务的必然要求

高校科研育人把立德树人的成效作为检验标准，以落实"立德树人"根本任务为己任，是贯彻落实立德树人根本任务的必然要求。

1. 高校科研育人把立德树人的成效作为检验标准

高校科研育人的核心在于育人，而高校育人之本是立德树人。2018 年 5 月习近平在北京大学师生座谈会上强调："人才培养一定是育人和育才相统一的过程，而育人是本。人无德不立，育人的根本在于立德。这是人才培养的辩证法。办学就要尊重这个规律，否则就办不好学。要把立德树人的成效作为检验学校一切工作的根本标准，真正做到以文化人、以德育人，不断提高学生思想水平、政治觉悟、道德品质、文化素养，做到明大德、守公德、严私德。要把立德树人内化到大学建设和管理各领域、各方面、各环节，做到以树人为核心，以立德为根本。"② 高校承担着科学研究的重要职能，是国家创新体系的重要组成部分。高校是科研和人才的重要结合点，落实"立德树人"根本任务，要聚焦国家战略需求、世界科技前沿和国民经济主战场，加强顶层设计、优化科研布局，鼓励学生更早参与全链条科研过程，在开阔学生视野，激发学生兴趣，活跃学生思维的同时，不断传递给学生为国担当、科技强国的家国情怀和追求真理、实事求是的科学精神；要充分发挥科研育人功能，使之成为学校"家国情怀、全球视野、创新精神、实践能力"这一培养目标的重要支柱，支持学生开展科技创新、成果转化、创业实践、出国交流等，引导师生树立正确的政治方向、价值取向、学术导向，努力培养德智体美劳全面发展的社会主义合格建设者和可靠接班人。

2. 高校科研育人以落实"立德树人"根本任务为己任

高校育人之本实际上是回答了高校的教育本质：教育是为了什么，应当如何教育的问题。立德树人事实上是如何教育、为什么要育人的问题，关键在于立德，目标在于树人，

---

①周海涛，吴云. 应用型本科大学经管院系跨专业人才培养与课程设计研究［J］. 中外企业家，2020（8）：192-193.

②习近平. 在北京大学师生座谈会上的讲话［N］. 人民日报，2018-05-03（1）.

其主要内容涵括以下几个方面：

一是教师应当注重坚定大学生的理想信念。教师应当在教学活动中，引导学生树立高远的志向，激发其奋发有为、开拓进取的精神，能够在未来的社会生活中，有所作为、有所奉献，为促进社会进步、发展贡献力量；二是教师应当注重培育大学生的家国情怀。自古以来，在中华传统道德观念中，家与国是不可分割的，互为一体、唇亡齿寒，这实际上对应的是个人价值与社会价值。因此，大学生应当在家国情怀中，自觉将个人价值与社会价值，统一到社会主义建设中去。三是教师应当注重提升大学生的品德修养。人的价值具有“远”“近”之分，远则为爱国奉献、先天下忧；近则体现于生活、工作、社会交往的各个层面。具体而言，大学生应当具有良好的道德修养，守法奉公、乐于助人、敬业爱岗、关爱亲人等，这就需要教师的引导、学校的培养。四是要在高校教育过程中，增强大学生的综合素能。“立德树人”的落脚点在树人，树人树的是人才。人才具有两个主要的组成部分“德”与“才”。这不仅是指大学生应当具备良好的品德，具有远大的理想与正确的价值观，还应当具备过硬的专业素能及知识储备。

在当下科技快速发展的今天，社会的发展速度逐渐加快，各种科技及经济业态呈现不断融合发展的特征，这就需要在人才培养过程中，更加注重大学生的综合能力，要树立“以才育人”“以德教人”“以美动人”等育才思想，从技术上、理论上、文化上等各方面给予大学生充足的锻炼、实践、传习，培育全方位、多素能的复合型人才。

3.3.3 培养担当民族复兴大任时代新人的必由之路

党的十九大报告提出要“培养担当民族复兴大任的时代新人”。时代新人培养在理论上具有较为丰富的内涵，其主旨思想与高校科研育人具有贯通之处，高校科研育人应当是培育时代新人的重要实施路径。在科研活动过程中持续深化学生思想道德建设，提升青年的思想觉悟、道德水准和文明素养。开展形式多样的科研实践活动，可以促进理论和实际相结合，从而达到学以致用的目的。积极引导学生参加科研实践，能够帮助广大学生进一步认清国情，增强忧患意识，自觉担当起民族复兴大任。

1. 从责任担当上看，时代新人的培育应当突显其敢于担当时代赋予的责任

在当代，国家正处于快速的发展变革期，全面建设社会主义现代化国家考验着新时代大学生参与社会现代化建设的时代担当。高校科研育人以立德树人为己任，突出培养大学生敢于吃苦、勇于奋斗的进取精神；突出培养大学生将个人价值与社会价值相统一的奉献精神；突出培养大学生仁爱助人、励志报国的家国情怀；突出培养大学生创新开拓、力争潮头的创新精神。这一切都与时代新人的责任担当相契合。

2. 从思想素养上看，时代新人的培育应当凸显良好的道德品质

高校科研育人要求学校与教师应当在科研活动中，培育大学生的道德修养。大学生在科研活动中，可以养成敬业爱岗的品质。在教师的引导下，能够将科研行为本身进行升华，上升到为社会、为国家的科技进步贡献力量的层面，使得大学生在科研中领略奉献的精神。

3. 从创新能力上看，时代新人的培育应当注重创新精神及创新能力的培养

国家、社会的进步需要创新精神，也需要创新能力。时代新人在时代浪潮下，不能固守传统，不思进取，而是应当立于潮头，创新开拓，这是时代新人的内在要义，同时也是科研育人的本质内涵。高校科研育人，能够在科技创新的行为下，有规划地实施育人活动，将培育大学生创新开拓的科研精神为己任，这当然是时代新人培育的有效路径。

强化学生的科学研究道德意识和责任感，升华其科学求知的人生理想，使其成为有理想、有道德、有文化、有纪律的社会主义一代新人。时代新人担负着民族复兴的大任，是实现中国梦的中坚力量。科研活动过程中深入了解当代青年的时代特征，深刻把握高等教育规律，着力强化思想引领和价值引领，扎根中国大地，拓宽国际视野，深化素质教育，促进全面发展，健全支持体系，突出实践学习，努力培育堪当民族复兴大任的时代新人。

3.4 高校科研育人的价值意蕴

高校科研育人是科教融合、研学相扶的综合育人体系。高校科研育人，育的是德，践的是行，以德为先，将科研融于育人，在科研中培养学生的思想道德素质，提升科技创新能力。因此，科研育人除了具有科学研究的教育意蕴之外，还具有自身特殊的内在意蕴。

高校科研育人是新时代推动高校思想政治工作的有效途径。新时代我国高校科研育人兼具科研能力提升与思想道德品质培养的功能，具有物质与精神的双重超越性，具有合规律与合目的的高度统一性。深入分析高校科研育人的内在意蕴，有利于准确把握高校科研育人的过程机理，为下一步进行高校科研育人的现状分析与开展实证研究奠定坚实的理论基础。

科学研究是高校的重要职能，而“立德树人”又是高校的根本任务。高校应以增强科技创新为契机，努力探索新时代科研育人的内涵价值，引导学生树立正确的政治方向、价值取向、学术导向，培养学生至诚报国的理想追求、开拓创新的进取意识、严谨求实的思维观念、诚信敬业的人生态度和实事求是的科学精神。培养学生的使命担当，促使学生把爱国之情、报国之志融入建设世界科技强国的伟大征程之中；培养学生应用知识解决实际

问题以及前瞻性问题的科技创新能力；激发学生自主获取知识的能力，调动学生的主观能动性，增强学生自主学习知识的本领。奋斗精神、理想信念、价值取向、精神品格、内在动力和伦理底线等精神为提升科研育人质量提供价值依据，对推进科研育人具有重要理论和现实意义。

3.4.1 培养大学生至诚报国的理想追求

科学的目的和意义是什么？从表面上看，不同的人也许会有不同的答案，但是不同的答案背后一般有着共同的指向或内在的追求。我国高校通过科研活动来培养学生，既要让学生掌握科学研究方法，提升科学文化素养，探索科技创新能力，更要积极引导学生把个人成长同中国特色社会主义事业紧密结合起来。实现“两个一百年”的奋斗目标和中华民族的伟大复兴，需要不断坚定青年学生至诚报国的理想追求。既然至诚报国，就要敢于担当。当前中国特色社会主义进入新时代，高校科研育人的关键就是要以“实现中华民族伟大复兴中国梦”这个主题为导向，引导青年学生把个人的理想追求融入到国家富强、民族振兴、人民幸福的伟大复兴梦之中，把爱国之情、报国之志融入中国特色社会主义现代化建设的伟大事业之中，让个人梦与伟大的中国梦同频共振。

1. 培育家国情怀

科研的本质是通过科学研究活动，促进技术进步，进而为人民的美好生活贡献力量。从家国情怀上来看，科研工作者以科研成果的获取为研究目标，为我国现代化建设提供重要的智力支撑，这本身就是至诚报国的显著体现。对于大学生主体而言，其大学时光处于人生阶段的“破茧期”，既有成长成才的内在动力，又有实现社会价值与自我价值的迫切需求。因此，引导大学生在人生的特殊阶段，参与到高校科研中去，帮助其明确至诚报国的理想追求，是科研育人的重要主观性内容。

家国情怀是爱国主义的核心内容，以国为家、家国休戚，这与科研报国的精神是统一的。对新时代高校大学生而言，其正处于新一轮科技革命、经济产业变革、“一带一路”的重要战略部署、乡村振兴、全面建设社会主义现代化国家、建设世界科技强国等关键时期，这些无一不需要科研成果的支持。所以，以科技兴国、科研报国的理想信念激励大学生，使他们自觉地把个人前途与国家命运紧密结合是高校科研的目的性内容。

2. 弘扬爱国奋斗精神

科研活动的过程必定是艰苦的，而艰苦奋斗正是我国传统文化的优良传承，也是华夏民族的奋斗特质。从中国近代屈辱史到改革开放的继往开来，再到小康社会的全面建成，无不体现着几代人的艰苦努力。成就是奋斗来的，而维持这个成就、发展这个成就，仍然需要坚持不懈的奋斗精神。无疑，中国特色社会主义事业必将越来越好，世界科技强国的伟大目标定会实现，但敢于吃苦、肯于奋斗的科研精神必不可少。对与大学生参与科研工作，应当充分使其体会到该项活动的艰苦与不易，激发其突破瓶颈，争取质变的奋斗精神，将奋斗与报国融为一体。科研活动中总会出现挫折，需要遇挫不馁、敢于面对的科研勇气。既要有“甘坐冷板凳”的精神，又要有“钉钉子”的韧劲。这一方面可以培育大学生耐心稳重的研究品质，激励其养成直面挫折、克服挫折的态度与勇气，也能在挫折中锻炼其坚韧品格，对其在未来的社会成长起到良好的促进作用。

3.4.2 培养大学生开拓进取的创新意识

创新就是从无到有，实现零的突破；就是打破常规、破旧立新，探索未知；就是从有到有，做到更高更好，这就意味着科研需要不断地探索和突破。正如邓小平所说：“没有一点闯的精神，没有一点‘冒’的精神，没有一股气呀、劲呀，就走不出一条好路，走不出一条新路。”①

1. 培养创新思维

培育开拓创新的进取精神，就是始终保持蓬勃朝气、昂扬锐气、浩然正气，要全力以赴，不能有丝毫懈怠；遇到矛盾和问题，要迎难而上，不能有丝毫退缩；在重大突发事件面前，要挺身而出，不能有丝毫逃避；出现问题和失误，要勇于承担责任，不能有丝毫推诿。新时代的大学生要明确创新意识和创新能力的重要性。高校科研育人的一个重要方面，就是要重点培养大学生的创新意识、创新能力，树立创新思维。物质是意识赖以产生的基础，而意识是人的思想形成的前提，是人的观念产生的先决条件。高校科研育人的最高境界是人的思想精神层面的改变，其中创新观念就包含其中，在创新观念的指引下，人才能自觉地攀登科学高峰。所以，高校科研育人给培养和提高学生的创新能力提供了载体和空间。

相对于其他社会群体，大学生具有创新与开拓的先天性优势。一方面，大学生处于精神内涵的成长期，具有渴望新知的身体素质与精神诉求。另一方面，国家实施创新驱动发展战略，全力支持大学生的创新发展。例如大学生创新计划、集约化的创新中心、普惠化的大学生创业政策及优惠条件等，为大学生进取与开拓提供了坚实的物质基础。高校科研育人应当在国家科技创新的背景下，有规划地实施育人活动，将培育大学生创新开拓的科研精神为己任。

---

①邓小平文选（第二卷）[M]. 北京：人民出版社，1993：178.

2. 鼓励创新实践

（1）鼓励学生亲身参与项目，助力其开拓新知。从教育的角度来看，老师与学生皆为教育主体，从教师所处的场位而言，教师应当有效激发学生参与科研的兴趣，鼓励并引导学生参与其中，变单一的课堂传授为实践检验。“此外，教师还应当将理论教学与实践教学相融合，促使理论课堂上传授的知识能够获得在实践中检验或者使用的契机，进而将传统教学方式转化为教科融合的新模式。”① 从科研的角度来看，鼓励学生亲身参与科研项目，能够使其处于研究的第一线，在这种动态互动中，学生不仅能够强化固有知识，还能够在实践中接触、运用、开拓新的知识及领域，变“被动汲取”为“积极拓展”，这在无形中使学生的开拓意识得到养成与发展。

（2）帮助学生形成科研成果并孵化转化，培育其创新精神。科研项目的进行，最直观的目的在于形成科研成果，科研成果的获得对于科研工作者而言，具有不可比拟的成就感与获得感。对于大学生而言，鼓励其参与科研项目，应当考虑其自身科研经验、知识储备、解决问题能力较弱的客观状况。通过在科研中给予技术上的指导及精神上的激励，助其完成科研项目，最终取得成果。一方面，大学生能够通过科研项目获取成就感加深自我价值认同；另一方面，大学生也能够养成独立完成工作、发现问题并予以解决的创新精神。这既是科研育人的重要内容，也是科研育人的预期成果。

3.4.3 培养大学生严谨求实的思维观念

严谨、求实、准确是科研态度的灵魂，也是科研工作者必备的基本素质。不同的科研态度决定不同的科研轨迹，成就不同的人生价值。培养大学生一丝不苟、严谨求实的科研态度是高校科研育人的重要环节。科研活动本身便是一种严谨的技术探究活动，需要极为细致的观察力与极为严谨的工作态度。高校科研育人本身蕴含着培养大学生严谨求实思维的价值。

1. 培育严谨勤奋的思维观念

目前，部分大学生的科研态度不端正，如实验数据弄虚作假、剽窃抄袭他人科研成果等问题，严重影响了学术生态。科学是一种孜孜不倦的精神追求，若是深受物质生活诱惑、名利权利诱惑，学术风气浮躁，则完全背离了科学精神的本质。严谨求实的科学态度和学习作风是从事科学的工作者所必备的品德。高校科研育人蕴含着培育严谨勤奋的思维观念。一方面，科学研究容不得毫厘差池，否则容易如“蝴蝶效应”一般，难以得到正确

---

①阎光才. 研究型大学中本科教学与科学研究间关系失衡的迷局［J］. 高等教育研究，2012，7（33）：38-45.

的研究结果。这种极其严谨细致的研究态度，能够对大学生的思维观念产生极大的利好作用。另一方面，科学研究伴随着勤奋的研究态度，否则面对研究瓶颈，极容易半途退却，使得研究无疾而终。因此，科研过程在某种程度上是科研工作者之间勤奋、耐力的比拼。高校学生应当以严谨治学、勤奋进取的思维观念来指导自己的学习行动，在科研实践工作中磨炼出放弃投机心理，摒弃取巧思维的人生态度。

2. 培育求真求知的思维观念

实验方案论证要严谨，实验过程要求真辨伪，实验数据要精准确切，论文书写格式要规范，每一个环节都应该体现严谨求实，来不得半点虚假。无论我们从事何种科学研究工作，首先必须具有严谨求实的思维观念。“先做人，后做事”的格言已经成为很多科研工作者的座右铭。“严谨求实”既包含了科学精神的精髓，也给大学生提供了科学研究的思维观念和科学研究的方式方法。我国著名科学家华罗庚教授曾讲过：“科学之道戒之以空，戒之以松，我愿一辈子以实为终。”① 严谨求实是马克思主义科学世界观和方法论的本质要求。严谨求实是科研本身内在的含义。

科研育人要求培育求真的思维观念。求真是指渴求真理、渴求真知，是科研工作者对科学的追求。回顾历史，古往今来，正是诸多科学工作者对真理的追寻的不放弃，才使得人类的科学传承与发展至今。因此，以科研为手段，以育人为目的，通过求真的科学思维来影响、培养及坚定大学生求实与求真的信念，也是科研育人的内容要素。

3.4.4 培养大学生诚信敬业的人生态度

诚信纳入科学的道德范畴，是科研的内在要求。诚信敬业品格的培养对于处在科研萌芽状态的大学生尤为重要。学术声誉是科学研究的生命之基，什么都可以破产，但是学术声誉不能破产。坚守科学道德、科研诚信是高等教育的育人之本、发展之魂。高校是国家培养人才的战略要地，是发展学术的基础力量，承担着“立德树人”的根本任务，培养学生诚信敬业的科研态度是高校科研育人的起点和重点，也是高校育人的必要前提。

1. 坚定诚信品格

科研诚信是科技创新的基石。高校科研育人把科研诚信的宣传教育作为科研育人建设的内容之一给予了重点强调，突显了科研诚信的重要性。首先，科研诚信是科学研究中尊重客观规律和事实的基本要求，是人们在科研实践活动中具有的真诚无欺、实事求是的态度和信守承诺的宝贵品质。大学生只有树立真诚守信的科研道德品质，才能与科研活动的

①孔章圣. 华罗庚的科学大众思想及其现实意义 [J]. 常州工学院学报，（社会科学版）1996，14（03）：27-31+42.

要求相适应，才能使自己的科研价值在科学研究中得以实现。其次，科研诚信要求大学生以求真务实、知行合一的态度来指导自己的科研。科研育人一旦与诚信原则和精神相背离，就完全走向了育人的反面，后果难以想象。再次，科研诚信是个体与社会的统一、心理与行为的统一。

诚信在科研育人方面，具有丰富的内涵，一是诚实的治学态度。不在学习中搞歪门邪道，不在科研中搞弄虚作假。二是事必躬身的治学行为。高校学生只有亲力亲为参与科研，踏实做好科研的每个任务，摒弃虚假成果，才能养成诚信的科研品格。综上所述，高校科研育人在某种程度上是大学生诚信修养的行为指引，是社会诚信建设的重要组成部分。

2. 涵养敬业品质

敬业既是一种工作态度，也是一种良好的美德。一个科研项目的顺利完成，乃至一项科技攻坚的胜利突破，都无法脱离敬业奉献的精神。从某种意义上来说，科研工作者的敬业与否，直接关系科研成功与失败。“这种敬业不仅要求科研工作者个人踏实勤奋，夜以继日，也要求科研工作者之间团结协作，共同配合，坚定自己的职责与岗位等。”① 科研本身内在的价值，对于促进大学生涵养敬业品质，具有十分重要的作用。科学研究是科研人员终生经营的一项事业，容不得半点弄虚作假，在整个科研过程中要时时保持诚信敬业的科研态度。

3.4.5 培养大学生实事求是的科学精神

实事求是是马克思主义的灵魂，既是一种哲学范畴的辩证法，也是我们在科研活动中的行为性指导。实事求是包含两方面的内涵：一是“实事”，主要从客观方面对物质世界进行评价，任何活动都应当建立在唯物之上，遵循事物的客观规律，不得背离客观规律行事。二是“求实”，主要是指人的行为活动应当以追求真知为主要目的，探寻事物的本质。因此，实事求是在科学研究中是一种可贵的品质与精神。实事求是在科研中的重要性不言而喻，高校科研育人就是要培养大学生实事求是的科学精神。

1. 勇于探知真理

实事求是是大学生要培养的品质，也是在科研活动中要培养的精神。首先，实事求是是指导科学研究行为的理论，是科学研究过程中的探究方法。高校学生实事求是地从科研实践中发现科学规律，才能认识到科学本质。科学研究并不是不加思考的胡乱猜测，而是

①阎光才. 研究型大学中本科教学与科学研究间关系失衡的迷局［J］. 高等教育研究，2012，7（33）：38-45.

从实际中发挥主观能动性，去实践和实验，然后总结出结果，唯有这样才是攀登科研高峰的捷径。

科学研究是人类在既有认知的基础上，通过理智的实验等行为，去探知事物真相的过程。这种探知真理的活动有两个必须遵循的前提要素：一是具有渴望真理的求知欲，二是具有认知真理的行动力，两者缺一不可，是大学生必备的前提要素。高校科研育人是引导大学生实事求是地去探知真理，并通过潜移默化的方式激发学生渴望创新、探知真理的内在动力。

2. 敢于明辨是非

实事求是强调实践是检验真理的唯一标准。大学生在探索科学真理时，往往会遇到一些现成的答案，而有些答案是正确的，有些答案却是错误的，唯有用实践来验证自己的思考，才能在前人的基础，取得更大的科研成就。这样不仅可以巩固已有知识，还可以更好地借鉴前人的经验。

科学研究不可能顺风顺水，更像是一种螺旋状态下的曲折上升形态。换句话说，科研本身是一种试错和证伪，需要不断地对事物进行去伪存真，这种科研过程中的特有状态能够培育大学生明辨是非的科研本领、去伪存真的科研探究、实事求是的科研态度。

科学研究过程中的“实事求是”精神，不仅让学生学到知识，还能让学生明白踏实治学的重要性。“实事求是”就是对科学的尊重，对科学原理的尊重，对为科学发展作出贡献的科学家的尊重。

第四章　高校科研育人的运行机理

机理是“为实现某一特定功能，一定的系统结构中各要素的内在工作方式以及诸要素在一定环境条件下相互联系、相互作用的运行规则和原理”。[①] 任何一类育人都有其内在的机理在发挥作用。高校科研育人有着内在的组织机理、发生机理、作用机理、反思机理、优化机理等。高校科研育人的机理明晰了高校科研育人的运行逻辑，对于分析科研育人存在的具体问题以及如何进行有效解决，给予科学的理论指导。

4.1　高校科研育人的机理架构

高校科研育人的机理架构主要从理论框架以及机理建构两个方面进行分析。

4.1.1 高校科研育人机理架构的理论框架

高校科研育人的过程由多个环节组成，贯穿于科研实践的始终，且各个环节之间是相互联系、相互交错、相互渗透、相互贯穿的。基于不同学科视角下高校科研育人机理架构的理论框架有以下几类。

从心理发展过程看，高校科研育人就是教师在科研活动过程中有目的、有组织、有计划地对学生施加教育影响，培育学生知、情、意、信、行的过程，并且这五个环节相互作用，交互发展。

从思想品德形成和发展过程看，高校科研育人主要有内化、外化和反馈检验三个环节。第一阶段是内化环节，学生把科研活动中要求的思想品德规范转化为个人内在的意识和动机。第二阶段是外化环节，学生将个人的意识和动机转化为具体的行为习惯。第三阶段是反馈检验环节，师生通过科研活动进一步调节内化和外化的行为习惯，逐步形成符合社会发展需求的思想道德品质和政治素养。

从人的认识发展过程看，高校科研育人包含感性认识、理解性认识、检验和反复三个

①现代汉语词典（第 7 版）［M］. 北京：商务印书馆，2016：581.

环节。感性认识来源于实践的直观感受，即产生于科研实践过程中的直接经验。理性认识在积累了十分丰富的合乎实际的感性材料后，才能进行科学的抽象，产生质的变化，达到理性认识。感性认识是整个科研育人的起点，是科研育人实践过程的起始阶段，只能反映科研育人的现象，而不能反映科研育人的本质和规律。高校科研育人实践活动的真正任务，不止是认识科研育人的外部特征，而是探索科研育人的内在本质和规律。通过充分掌握事物的本质和规律，按规律办事，才能达到有效地改造世界的目的。科研过程是多次反复和在实践中不断得到检验，人的认识发展过程往往也需要多次反复和检验。高校科研育人仅仅在实践的基础上从感性认识到理性认识，再从理性认识到实践的一次循环，是不能达到目的的，往往需要从实践到认识、再由认识到实践的多次反复和检验才能完成。

从思想政治教育机制的角度来看，思想政治教育包括“动力、监测预警、调控、整合、激励、保障和评估等机制”①。按照这一逻辑，高校科研育人的机理应主要围绕动力机理、监督机理、调控机理等方面进行建设。

从教育学运行步骤上进行阶段性划分，可以分为目标环节、发展环节以及实践环节。

因此，高校科研育人依据不同学科视角，立足于人才培养和发展的规律，划分为组织设计、驱动实施、建构生成、检视反馈、提升改进等五个环节，在教育的各环节进行引导全员、全程、全方位育人，保证科研育人的连续性和持久性。

4.1.2 高校科研育人的机理架构图

借鉴以上的理论架构以及教育教学过程的分析，结合高校科研育人本身的特点，高校科研育人的机理架构划分为五个环节：组织设计（组织机理）、驱动实施（发生机理）、建构生成（作用机理）、检视反馈（反思机理）、提升改进（优化机理），各环节之间密切联系、交叉渗透，在整个高校科研育人过程中综合发生作用，形成动态循环的高校科研育人五环质量改进螺旋，如图 4.1 所示。高校科研育人五环质量改进螺旋，依托现代信息化科研育人管理平台，以目标管理为起点，以绩效考核为抓手，通过大数据、云存储、5G、人工智能、物联网等技术，快捷、准确采集科研育人实施的过程数据，跟踪记录全程育人以及各环节的状态，实时掌握和分析高校科研育人的工作状况，实现高校科研育人内部质量保证和常态监控数据的动态管理，达到提升高校科研育人水平，有效实现高校科研育人目标的目的。

①张耀灿等．思想政治教育学前沿［M］．北京：人民出版社，2006：277-297.

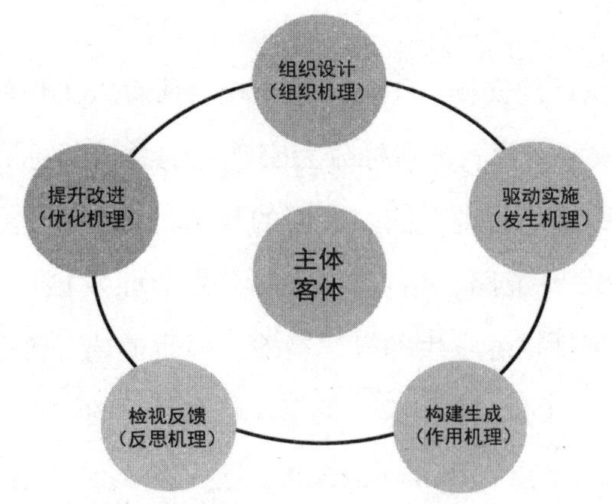

图 4.1 高校科研育人的机理架构

4.1.3 高校科研育人的机理架构分析

1. 高校科研育人的首要环节是组织设计

高校科研育人并不是杂乱无章、随心而定的实践活动，而是具有一定的计划组织、设计等方面的规定性，这是科研育人的第一环节，也是开展育人工作的前提。高校科研育人的组织设计是高校科研育人内部质量保证体系的核心内容，在组织设计阶段构建起组织架构体系、目标体系、标准体系、制度体系、保障体系等体系，才能推动高校科研育人的有效运行。高校科研育人要在思想价值的引领下，根据目标、标准进行整体组织设计，包括制定科研育人计划、组建科研育人团队、丰富科研育人资源、完善科研育人条件、建立科研育人制度等，为科研育人下一环节的发生实施奠定基础。

（1）坚持思想价值和文化引领。思想价值和文化引领是开展高校科研育人的根本指针。思想价值和文化引领要贯穿高校科研育人全过程，理应事先定位和营造。一是以正确的政治方向为导向。高校科研育人以马克思主义为指导，这是科研育人的政治属性和立场。如果没有正确的导向，高校科研育人则容易受到多种思潮的影响，进而走偏，甚至陷入唯心主义的漩涡。二是以社会主义价值观引领作为主线。价值观引领是科研育人的最根本任务，这就需要提供可选择的价值空间和价值层次，培养师生正确的世界观、人生观与价值观，引导师生在高校科研育人活动中践行社会主义核心价值观。三是以健全人格、科学精神、责任担当、实践创新等核心素养为重点。高校科研育人重点在于核心素养的培育，核心素养连接着目标与实践，对于完成科研项目起着至关重要的作用。四是以相关理论、政策、知识体系为抓手。高校科研育人的基础性工作就是加深师生对理论、政策、知识等内容的完整性的认知，内化为知识价值。五是以科研文化为依托。高校科研育人全过程离不开科研文化独特的内部价值取向的熏陶。浓厚的科研文化催人奋进，起着凝心聚力的重要作用。

（2）确立目标标准以及计划安排。①目标是高校科研育人工作的逻辑起点，也是高校科研育人工作的聚焦点。高校科研育人的目标分为宏观上的总体目标和微观上的具体目标，构成目标链。宏观上的总体目标是指遵循国家层面的教育目标，以立德树人为根本任务，“坚持中国特色社会主义教育发展道路，培养德智体美劳全面发展的社会主义建设者和接班人”。[①] 微观上的具体目标包括培养学生的科学精神、科研道德、价值观、综合能力和自觉性等方面，构成高校科研育人的目标体系。高校科研育人的具体目标制定要做好 SWOT（Strength 优点、Weakness 弱点、Opportunity 机会、Threat 威胁）分析；遵循 SMART（Specific 具体的、Measureable 可衡量的、Achievable 可达成的、Relevant 相关的、Time-based 一定时限的）原则；要求全面、清晰、关联，可达、有效，可测、实时。②标准是衡量目标的标尺，是目标的具体表现。高校科研育人的标准也分为宏观上的总体标准和微观上的具体标准，构成标准链。宏观上的总体标准遵循国家、教育部有关高校科研育人相关文件的标准。微观上的具体标准包括科研管理制度设计标准。③计划是高校科研育人的方案设计以及思路设计。高校科研育人的前提是制定合理的计划。④组织是高校科研育人的组织机构和组织行为。组织具体体现在高校科研育人的策划、设计和内容安排等方面。

（3）建立相关制度。高校科研育人的制度使高校科研育人的运行在一定规范下进行。高校科研育人的制度分为科研管理制度（科教融合育人机制、产学研协同育人机制、激励机制、保障机制、科研评价标准、成果评选推广机制等）、学术诚信体系建设标准（道德行为规范、学术诚信管理办法、学术不端和科研失信行为实施办法等）等方面，构成高校科研育人的制度体系。高校科研育人制度依据育人目标、要素、基础等制定，其中绩效制度依据育人成果、效率和效益等制定，流程制度依据育人途径、方法和监控等制定，保障制度依据育人组织、资源等制定，考核制度依据育人对象、项目、方法、时间和指标等制定。

2. 高校科研育人的第二环节是驱动实施

高校科研育人能够顺利开展离不开驱动环节，更离不开启动实施。首先，基于人有自我实现的需要，它是高校科研育人的内在动机保证。其次，根据科研项目，以科研项目的任务实施驱动，深化科教融合、全力推进产学研协同育人；根据科研项目，以小组合作的方式实施驱动，教师引导思考、分析问题、总结归纳。任务驱动和小组合作驱动是高校科研育人的外在动力。最后，高校科研育人启动实施是对目标设计阶段的执行。

（1）内在驱动实施。①科研育人需要是人的本能需要。心理学视域所认为的需要或需

①习近平．坚持中国特色社会主义教育发展道路，培养德智体美劳全面发展的社会主义建设者和接班人［N］．人民日报，2018-09-11（1）．

求，是指有机体感到某种缺乏甚至失衡心理倾向，而去努力获得满足。马斯洛将求知需要、自我实现的需要定为人的成长性需要或内在需要。人的内在需求区别于动物，是一个非常复杂的信息处理过程，它与周围的社会环境以及人类的经验总结有直接的关系。内在的需要是一种积极的、正性的情感，引发人的趋近性反应，与人的欲求动机系统密切相关。因此，正因为科研育人的情感是一种愉悦的心理反应，它会激发人们对科研育人活动趋近的行为，人们也就理所当然地产生了一种自我实现的需求和动机。②科研育人的需要是未来人们的一种广泛精神需求。作为一种成长性需要，科研育人精神需要的产生建立在物质需要得到满足的基础上，随着人民日益增长的美好生活的需要，科研育人需要必然会上升为人民的一种潜在精神需求。③科研育人的精神需要是通往更高道德境界的桥梁的需要。科研育人通过主体客体共同对科研的感知和知觉，不同的感觉相互作用，精神需求不断得到增强，并且感觉和知觉建立了新的直接的稳定联系，让主体客体有了对科研的情感、想象和理解，从而引起主体客体的感动。主体客体对科研的感动，产生情感共鸣、道德情感体验，潜意识地将科研自我化，激发自我精神追求，从而有效提高主体客体的科研感知能力、道德品质和科研精神。

（2）外在驱动实施。科研项目是高校科研育人的载体，是科研育人创新的起点和外在动力源。①明确科研项目，以科研项目的任务进行驱动。一方面，构建以科研任务驱动课堂教学的新模式，提高学生对科研探究学习的积极性。在课堂理论学习的基础上，布置相关的科研课堂任务，引导学生设计完整课题研究方案，以达到加深学生对理论基础知识理解的目的，深化科教融合。另一方面，以科研任务驱动科学研究，激发学生勇于参与科研实践，强化学生的独立探索精神，锻炼学生的科研设计能力、科研实践能力，全力推进产学研协同育人。②明确科研任务，采取小组合作的方式进行驱动。根据科研任务进行小组任务分解，小组之间相互讨论研究，开展小组合作研究完成任务。教师针对小组合作研究的过程，加强对学生的团队合作教育，提高他们的竞争意识，激发他们勇攀科学高峰的精神。外在驱动实施侧重的是对既定科研育人目标设计的执行，反映了在同一时间和空间主体教师对计划的执行过程。

高校科研育人驱动实施得好，可以有效发挥相关科研育人要素的效能，充分调动学生的积极性；同时，又能突出科研育人重点，突破科研育人难点，较好地完成科研育人目标；高校科研育人驱动实施得好不好直接影响到高校科研育人的成效。

3. 高校科研育人的第三环节是建构生成

建构生成是指受教育者的主体意识（包括知识、道德和价值观）自主建构达到自主生成的过程。

（1）建构的发生。在科研活动的教育情境中主体意识发生建构是高校科研育人产生作用的起点。主体意识建构的过程实质上是双向的：一是在已有的认知结构和价值观念基础上去主动建构高校科研育人活动的意义，二是根据科研育人具体的环境和氛围影响去重新建构主体的意识结构。主体意识在双向作用周而复始的过程中持续扩大，意识内容和层次得到丰富加深。这就要求在高校科研育人的实现过程中，应考虑动力、协调、保障、评价等因素的协同助力、相互作用，并最终获得精神成长。

（2）生成的形成。高校科研育人生成是指科研道德、科研素质和科研能力等内化为意识，并稳固地体现在育人工作中，这是高校科研育人过程中最重要的一步。生成反映的是建构的结果，但是并不是所有的科研育人都能生成。因为一次的科研育人并未达到质变的临界点，往往只能起到积累经验的作用。在高校科研育人的具体实践中，有时还会因为各种错综复杂的情况或意外，导致育人方向逆向。可是，也并非所有的科研育人活动试错行为都不能生成。科研创新中的试错行为在事实上亦是一种发展，应当纳入生成环节进行考量。毕竟，即便是一次失败的科学研究，这种试错行为也为未来该领域的成功探究提供了经验与教训，客观上是一种对科研的促进行为，应当认定为生成。行为主义心理学派认为，学习和习惯的形成过程类似，都是通过不断地刺激和反应来构建牢固联接。因此，强化各类体制、机制的作用以及它们作用的发挥对高校科研育人的影响极大。一方面，强化程序安排，如体制机制、政策、评价机制等，直接影响学习者的认知和学习效果。另一方面，生成固然是建构的结果，但为了帮助养成行为习惯，强化制度机制的执行仍需在具体过程中得到重视。当然，生成还受制于一定的科研水平、道德水平、能力素质等方面的基础，也就是说，高校科研育人的作用过程，应该充分考虑大学整体各方面的水平，并充分考虑育人主体和育人客体的育人状况，从而达到事半功倍的效果。而建立相应的体制、机制，可以保证高校科研育人工作的落实、推动、纠错和评价等，使高校科研育人的组织设计稳步发展。

4. 高校科研育人的第四环节是检视反馈

检视反馈是高校科研育人的重要环节，分为检视和反馈，实施对高校科研育人工作质量和效果全过程的监控与评价。检视是主体确证高校科研育人的行为是否合理，是否已经得到内心的认同。反馈是对道德知识、科研知识、能力素质、科学精神等进行监测，对不符合的行为进行预警反馈，成为下一步行动的依据和准则。

（1）自我检视。通过持续的自我检视和确认，主体得以判断自己的行为是否合理。当然，高校科研育人判断的标准要根据组织设计环节设立的育人元素或科研育人质量控制点，进行独立的道德评判。同时，主体也会用内化的观念或信仰来检视自己的行为，确认或批判科研活动中隐含的价值观念。主体在审视中往往会陷入建立观念或信仰所必需的价值冲突和斗争过程中。通过树立典型或运用一些策略手段，帮助主体对理想信念和价值观进行确认，推动主体自觉追求科学理想和道德品质，使得高校科研育人活动的过程因而得以实现。因而，道德信念一定是根植于现实的科学研究之中，而现实的科学研究条件反过来也会使观念和信仰得到强化或削弱。所以，一定的科学研究环境会决定他的观念，并引导他的行动，通过信念的强化或削弱，具体的行为会随着时间的推移而形成。检视的范围、周期、方式等方面也会对检视的效果造成影响。从检视的范围来看，可分为纵向检视与横向检视；从检视的频率来看，可分为考核性检视和日常性检视；从检视的方式来看，可分为引导式检视和互动式检视。高校科研育人的自我检视并不局限于某一种类型，有时往往需要综合运用多种类型的检视方可达到检视的目的。

（2）多种反馈。从反馈的手段来看，可分为人工反馈和监控信息系统反馈。人工反馈是一种传统的反馈方式，即高校科研育人管理部门随机进行初期、中期、末期科研育人检查，督导科研育人进展，并进行检测，形成督导常态化巡检，对科研育人情况进行反馈。监控信息系统反馈借助于大数据、人工智能等信息技术手段，对高校科研育人进行纵向与横向的立体监控，反馈高校科研育人情况。纵向监控是指以整个科研育人项目的周期为单位进行跟踪监控，侧重于工作流程的监控。横向监控是指某一时期内以科研育人项目的内容要素为重点的监控，侧重于育人成果的检查、反馈、考核。监控内容包括科研育人项目执行情况、科研育人项目进度情况、在线科研育人质量情况、科研育人满意度情况、学科专业科研育人能力情况、教师间互相评价育人效果、科研育人团队自我评价、科研育人价值观引导情况等。通过监控信息系统，采取各数据源信息，监控科研育人活动的有效性和完善性；根据高校科研育人质量控制点设置的一级、二级预警标准，及时反馈高校科研育人情况，对于不满足预设条件的监测结果进行预警反馈。

5. 高校科研育人的最后一个环节是提升改进

高校科研育人的提升改进环节主要是根据检视反馈出的问题制定改进措施，特别是对预警的科研育人内容进行完善后返回至组织设计环节，对组织设计环节进行修正改进后，进入新一轮的科研育人。提升改进环节以高校科研育人管理部门、其他人以及自我的检视反馈为依据，以检视反馈的监控报告为依托，以预警的质量控制点为重点，找出产生问题的原因，不断优化和改进高校科研育人方案，及时修正高校科研育人组织设计环节。

（1）高校科研育人的提升分为学习提升和创新提升。首先，为了更好地实现高校科研育人的目标，出台了一系列学习提升政策，鼓励师生开展学习调研，提升教师的科研育人水平和各方面能力。积极与同类院校、同学科专业、同课题方向等进行交流学习；通过网络资源、论坛讲座、参加学术会议、外出进修访学等进行培训学习；参加第二课堂实践、创新创业竞赛活动、科教融合实践、产学研协同育人实践等进行实践学习，为高校科研育人的进一步改进提升汲取经验。总之，学习提升囊括了科研技能实操实践、能力素质训练、人文素质提升工程、思想政治教育等方面的内容。其次，高校科研育人主客体经过反复交流、学习和实践提升创新能力，针对反馈的问题提出创新的解决路径和方案，解决实际问题。高校科研育人以创新科研育人理念和思维方法，解决陈旧理念和落后方法问题为核心，以创新科研育人体制机制、健全制度体系为重点，以创新科研育人模式、改变单一的育人模式为关键，以创新科研育人评价方式、摒弃不科学的评价方法为抓手，等等，通过创新提升高校科研育人质量。

（2）高校科研育人在学习、创新的基础上进行改进。首先，根据高校科研育人存在的宏观问题进行有针对性的改进，进一步完善关于高校科研育人的目标、标准，制定新的制度与措施。如，完善名师、科研带头人、科研骨干教师和科研新秀评选管理办法；教学科研发展培训实施方案；科研育人绩效考核办法；科研经费管理办法；“双师素质”教师建设实施办法；专业技术职务评审工作实施办法；教师赴企业实践管理办法；学生科研管理办法；师德师风建设暨考核实施办法；教育部关于高校教师师德失范行为处理的指导意见等。其次，根据高校科研育人存在的具体问题进行有针对性的改进，确保质量循环提升。如，科研育人考核优秀率偏低，可采取改革科研育人考核评价体系或制定加强教师对学生科研育人指导的办法等激励措施，同时学习同行高校科研育人效果比较明显的成功经验，构建科学考核评价体系等学习措施，最后进行创新集成，构建四位一体的科研考核评价体系。

高校科研育人通过组织设计、驱动实施、建构生成、检视反馈、提升改进五个环节相互配合，协同作用于育人对象的知、情、意、信、行组建的心理和行为系统，促进育人对象的知识提升、素质养成、道德成长，并激励他们自觉追求真理和自由，张扬科学精神和传承科研文化。

4.2 高校科研育人的组织机理

高校科研育人的组织机理是指在科研育人计划与组织阶段目标、标准、计划、资源、团队、制度等构成要素之间的相互联系、相互作用的运行规则和原理。高校科研育人组织阶段一般分为确定目标标准、计划设计、任务安排、资源条件、团队组合、质量控制点、建立制度等环节，具有明显的组织行为。高校科研育人组织机理主要分为三个层面。一是组织机理的价值层面，解决思想问题，主要包括思想价值、科研文化等，是高校科研育人工作的导向；二是组织机理的目标层面，解决如何做的问题，包括目标、标准、设计、计划、组织等内容的相互作用，是高校科研育人工作的运行机制；三是组织机理的制度层面，解决运行的保障问题，包括组织制度、保障制度和评价制度，主要为高校科研育人工作的运行提供支持条件。

4.2.1 价值引领机理

组织机理的价值引领机理包括思想价值、科研文化等观念的相互联系、相互作用，引领高校科研育人内在运行规则和原理。一是高校科研育人是在一定思想价值引领下的育人。高校科研育人工作以马克思主义为指导，以社会主义价值观为主线，以健全人格、科学精神、责任担当、实践创新等核心素养为重点，以相关理论、政策、知识体系为抓手，形成一个多层次、全系统的价值观链条。它们不仅有内在的逻辑构成，而且还是相互影响的一个动态过程。高校科研育人的价值与功能的主要目的在于把思想价值引领贯穿选题设计、科研立项、项目研究、成果运用全过程，体现在育人活动的具体策划、设计和内容安排等方面。二是高校科研育人是在特定的文化环境相互作用下，以科研文化来感染人，形成文化价值引领机理。因此，高校在科研育人开始之初，必须营造良好的外部环境，抓好科研文化的创建工作，实现以文化引领科研育人的全过程。三是高校科研育人是在坚持正确的学术导向下的育人。正确的学术导向对高校科研育人起着显著的助推作用，而错误的学术导向则会把高校科研育人推向深渊。学术导向机理是学术子系统的运行原理，是高校科研育人价值引领的重要组成部分。总之，组织机理的价值层面要树立正确的政治方向、价值取向和学术导向，且它们之间相互联系、相互作用，有效实现高校科研育人的价值和功能。

4.2.2 目标设计机理

组织机理的目标设计层面包括目标、标准、计划、组织等内容的相互联系、相互作用，规范高校科研育人内在运行规则和原理。高校科研育人组织机理的目标层面包含目标设定的科学性、标准设置的规范性、计划的合理性、组织的系统性等内容，它们之间相互协同，构建起一体化的科研育人组织运行系统。目标层面的组织机理是教师根据育人目标、标准，策划科研育人整体设计方案，协调组织科研育人的资源，侧重的是对相关育人要素的有效调动和利用，以及对不确定因素的控制和处理。高校科研育人目标层面的组织机理既设定科研育人的科学目标和质量标准，又设计科研育人的方案、组织科研育人资源以及其他育人的前提条件，能有效发挥相关育人要素的效能，充分调动学生的积极性，提高科研育人的主体责任和意识。

1. 目标设定的科学性。高校科研育人目标来自于国家教育层面的总体育人目标以及学校学科专业的具体育人目标，目标的设定要遵循育人规律，体现科学性。具体育人目标一般包括知识、能力、素质目标，构建学校、学科专业、课程、教师、学生等育人发展目标，形成科学的目标体系。

2. 标准设置的规范性。高校科研育人标准来自国家层面的总体育人标准以及结合学校学科专业的实际自制的具体育人标准。根据科研育人目标，构建了一系列的科研育人质量标准，如科研资源标准、科研团队标准、育人质量监控标准、育人评价标准、师资队伍考核标准等，形成规范性的标准体系。标准设置的规范性有利于建立准确的育人质量控制点。

3. 计划的合理性。计划是指高校科研育人整体设计，在科研育人的目标和标准确定的前提下，综合分析学生需求、学生基础、科研资源等情况而确定的最优科研育人方案。制定科研育人方案是高校科研育人工作实施前的关键一步。科研育人整体设计包括科研方法、手段、策略、科研重难点以及时间分配等内容。不同的教师（育人主体）对同一内容可能有不同的科研育人设计，但都应该符合科研育人目标和标准的要求。科研育人都是在特定的群体范围之内，受到群体成员所认可的行为，是规范性的行为。从横向上来讲，就是计划构成要素的完整性。科研育人的时间计划、任务分工、资源条件、理论学习、科研设计、考核方式、育人质量监控点等都是完备且有严格规定的。从纵向上来讲，科研育人程序演进有着因果关联性。科研信息获取、科研团队组建、项目申请、项目送审、项目立项、项目研究、项目成果发表、结题等，这些都是高校科研育人计划环节的内在逻辑组成部分。高校科研育人项目每个环节都是预先计划好的，执行过程环环相扣，按程序性的安排来进行。可以说，高校科研育人的合理性在很大程度上来源于科研育人的影响力和感染力。科研育人的方案如果不严谨，任意篡改或遗漏某个环节，就会造成科研育人的整体性不足。此外，高校科研育人计划环节重点工作在于根据目标和标准设置质量控制点（质控点）。质控点是实现高校科研育人发展目标的关键环节，属于科研育人过程中落实目标质量的量化指标，这些质控点来自科研育人的目标链，即最终检验高校科研育人的各级目标是否实现的关键依据就是检查对应质控点是否落实。

4. 组织的系统性。组织是指高校科研育人的组织架构以及组织行为。首先，组织架构的完整性。组织架构是整个高校科研育人的领导小组、评审委员会等组织机构的系统构成，只有架构的完整性才能确保科研育人的有效运行。其次，组织行为的系统性。组织行为的系统性要求高校科研育人目标链与标准链的制定、计划方案的设计、质控点的设置等内容构成一个完整的育人系统，实现组织保证、资源保证、团队保证等育人工作开展的前提条件，确保高校科研育人能够切实可行地实施。

4.2.3 制度安排机理

组织机理的制度安排层面包括组织制度、保障制度、监督和反馈制度、奖惩激励制度、评价制度等制度相互联系、相互作用，维持高校科研育人内在运行规则和原理。组织制度能够使高校科研育人有序开展，既有领导科研育人工作的组织机构，又有科研育人相关配套制度。配套制度包括科研管理部门的工作职责，各科研育人岗位的工作职责，各类科研管理制度等。保障制度是影响科研育人内部质量保证体系有效运行的关键要素，对高校科研育人工作起保驾护航和推动作用。监控和反馈制度是监督高校科研育人过程的相关制度，通过信息系统监督高校科研育人的实施情况。监控和反馈系统采集各数据源信息，并进行分析，实时监控科研育人过程，及时发现和解决问题。奖惩激励制度是高校科研育人调动育人主体客体育人工作潜能和积极性的制度。高校科研育人的激励，可以采用绩效考核的方式，考核科研育人的工作过程、结果、完成情况，考核结果与奖惩挂钩，激发育人主客体的积极性，形成科研育人工作的动力机制。通过对科研育人工作的绩效考核，将科研育人的工作绩效评估和绩效考核相结合，可以将科研育人的需求融入到学校的绩效评估体系中，并结合其作用对各个部门的绩效进行评价。以绩效评估体系为依托，对效果明显的科研团队给予奖励，对不达标的科研育人项目进行处罚，这样既体现了绩效考核的奖惩作用，又达到了激励目的。评价制度是对高校科研育人质量和效果进行评价的一种制度，以评促育，以评促改。评价制度的实施须制定相应的科研育人评价指标、评价细则等内容。制度层面的组织机理的各部分功能和作用各不相同，组合在一起成为一个整体，维系着高校科研育人的有效运转。

高校科研育人的组织机理根据学校层面科研育人的各级目标，成立学校层面科研育人领导小组，整合科研育人的人、财、物等相关资源，出台相应的保证制度、考核制度以及奖励制度，来保证育人目标任务的完成。目标和标准作为高校科研育人的螺旋起点，科学与否关系到整个高校科研育人螺旋的基础和方向，也决定着科研育人的基础和成效。

4.3 高校科研育人的驱动机理

高校科研育人的驱动机理是高校科研育人要实现育人所需要的各种动力源及它们之间相互作用的过程或方式。高校科研育人的驱动机理，从内在驱动和外在驱动两个方面揭示高校科研育人的开展，努力用理论的必然性推动高校科研育人的实施。

4.3.1 内在意蕴驱动

高校科研本身就存在着育人的意蕴，也就是说高校从产生到发展的过程，其自身就孕育着育人的因素。高校的科研与社会上其他科研机构的研究存在的最大区别是：大学的科研不仅要担负发现知识的重要使命，还要担负培养人才的职能”。①

教学与科研协调发展是高校科研育人的内在要求。伯顿·克拉克认为，“教学和研究密不可分，教学促进研究，研究反哺教学，二者相得益彰，彼此相辅相成”。② 通过科学研究可以有效地实现育人的目的，教师只有通过不断的科研研究才能提高自身的专业水平，通过专业水平来提高教学水平，再作用于科研研究，实现自身的内在价值。可以说，高校科研是育人的内在要求，是育人的主要技术手段。大学教育作为探索高深学问的教育，只靠课堂教学是远远不够的。在中国早期近代高校发展的初始阶段，教学是高校的唯一职能，当时科技发展水平还很有限，尚不存在相对系统的高校科研育人模式。但是在科学技术飞速发展的推动下，高校科研育人逐渐成为高校教育的内在需求，这就自然使高校科研育人的开展能够顺利进行。

早在19世纪初期，以洪堡（Wilhelm Von Humboldt）为代表的学者就提出教学与科学研究相统一的思想，并创立了教学与科研兼重的柏林大学，即高等教育的“洪堡模式”，从此，科学研究成为大学的第二职能。洪堡始终认为，大学科研的本质是育人，同时他指出，“大学培养人才应该是入乎其内的科学，最终实现改变人的品质”。③ 可以看出，并不是所有称之为科研的高校科研都能够育人，只有具备“出乎其心、入乎其内”④ 的高校科研，才具有育人的内涵，才能为高校科研育人提供前提可能。

马克思主义关于事物的发生学研究有一个重要的观点，那就是“不是从观念出发来解释实践，而是从物质实践出发来解释观念的形成”。⑤ 高校科研育人的概念并非抽象，而是具体化、现实化。将概念置于现实和实践的语境中考察其内涵，是对高校科研育人进行发生学分析的需要。因此，考察高校科研育人的内在意蕴驱动必须从科研育人意义的源头上进行确证。所谓大学科研的内涵是什么，有没有育人的价值，即高校科研育人有没有萌芽的基因。如果高校科研育人意蕴存在缺陷，自然难以担当起科研育人的职责。

---

①胡建华. 大学科学研究与创新型人才培养［J］. 现代大学教育，2009（4）：1.

②伯顿·克拉克，高等教育系统——学术组织的跨国研究［M］. 王承绪，徐辉，殷企平等译. 杭州：杭州大学出版社，1994：12.

③陈洪捷. 德国古典大学观及其对中国大学的影响［M］. 北京：北京大学出版社，2020：73.

④陈洪捷. 德国古典大学观及其对中国大学的影响［M］. 北京：北京大学出版社，2020：73.

⑤马克思，恩格斯. 德意志意识形态［M］. 北京：人民出版社，1995：92.

4.3.2 内在价值驱动

高校科研育人的内在价值一方面源于内心对自己的肯定，是一种自我教育、个人气场和知识涵养的价值诉求，体现着个人的最深沉追求、最强的自信，体现着认清自己、做出改变内在需求；另一方面，它源于内心的兴趣爱好，是一种内心的价值追求。高校科研育人的次主体“通过参与科研的过程，实现和发展自身的个体兴趣是其参与科学研究的内在动机”,① 这一动机是大学生内在个体兴趣驱动的，是一种源发性动机，其特点是持续的内在驱动。经过价值引导和加工，在内化的基础上转化为内在动机和个体兴趣，从而激励和激发大学生参与科研、体验科研、提升境界的内在热情，实现科研育人的目标。高校科研育人内在价值的两个方面相互联系，体现着自己与众不同的独特内涵。因此，自信、勇敢、负责等内在价值诉求以及个人内心的兴趣爱好追求是高校科研育人得以开展的内在动因和内在需要，成为高校科研育人的最重要的推动力量。

4.3.3 内在心理驱动

高校科研育人有着内在的特点和心理机制。“科研活动成为一种教育资源或者一种潜在的课程，就必然具有自身独特的教育发生形态和教育作用机制，这个作用机制可以概括为渗透感染与体验强化”,② 这种特殊的作用机制也是高校科研育人驱动的内在线索。

高校科研育人与思想政治教育之间也存在些许不同。首先，在育人的方式上不同。科研育人的主体常常是自我示范、情景暗示、巧妙引导等，而非传授说教或灌输；科研育人的客体往往是自我体验、环境感染、洞察体悟等等。其次，在育人载体上不同。科学研究不同于一般思政教育，它更多强调的是科研活动的开放性体验。作为高校科研育人的心理机制，渗透感染和体验增强了高校科研育人的内在特点和规律，并具有潜在的制约教育效果。因此，高校科研育人方式、制度设计、条件保障等，都遵循其独特的心理机制，方能起作用、产效应。高校科研育人，如果不遵循内在心理规律就会流于形式。

4.3.4 外在条件驱动

高校科研育人的外在驱动取决于外在的科研环境因素。从外在科研环境来看，主要包括科研课题项目载体——平台环境、科研育人的理念氛围——软环境、大学生参与科研的制度环境。外在的科研环境因素相互联系、相互作用，给高校科研育人的开展提供了不可

①Amabile，T. M. Social Psychology Creativity［M］. New York：Springer-Verlag，1983：18.

②李丽华，李小平．论大学科学课程人文性开发的观念前提［J］．空军雷达学院学报，2005（2）：71.

持续的外在驱动。

外在环境引起的心理表现往往是一种外在动机，这与大学生个体的短暂情景相联系，一般是暂时和不可持续的。首先，科研课题项目载体——平台环境是一种优势的外在驱动条件。平台环境作为高校科研育人的外在驱动条件，不管是科研任务的驱动还是小组合作式的驱动，都直接影响着高校科研育人的实施。良好的平台环境保障，以目标为导向，加强协同创新，打通“科研+育人”的最后一公里，往往会起到强大的驱动作用。其次，科研育人的理念氛围——软环境的影响是一种外在的驱动条件。高校科研育人的理念是否先进，决定着高校科研育人的模式、内容、方式方法是否与时俱进，直接影响着科研育人主客体是否愿意参与科研、以及参与程度的深浅。正确而先进的科研育人理念，往往影响着个人的自主意识和主观能动性，促使高校科研育人主客体自主地、争优创先地参与科研育人。最后，高校科研育人的制度环境影响着科研育人的动机。高校颁布的一系列完善科研育人管理的政策、条例和制度等规定，影响着科研育人主客体的行为，成为一种外在的驱动机理。良好的制度环境、有效的激励措施等，可以激发科研育人主客体积极参加科研育人。高校科研育人的外在驱动条件之间是相互联系、彼此促进的，遵循着高校科研育人的规律，形成一种外在驱动机理。因此，促进高校科研育人的开展，就是要不断营造良好的现实条件，遵循科研育人现实条件由外向内不断深化的作用规律，不断促进外在驱动向内在驱动、间断驱动向持续驱动转化。

总之，动力来源是动力机制运行的基础。高校科研育人作用的实现需要两个方面的动力来源：一是内在动力，即学生出于对科研育人的认可，从内心上支持科研育人，并从行动上投身科研育人活动；二是外在动力，即高校和教育层面对科研育人活动的组织引导，为高校科研育人的实现提供持续动力。这两个动力来源是相互辅助、相互补充的。一方面，大学生参与科研育人的需求也进一步推动高校和教师层面不断完善政策，不断推进科研育人改革，增强大学生的内在动力。其中，内在动力是行为产生的最根本动力，学生对科研育人的内在需要，就构成了科研育人发挥育人作用最主要的动力来源；另一方面，高校和教师层面的积极引导，用社会主义核心价值观引导大学生参与科研育人活动，确保高校科研育人不偏离方向。因此，高校科研育人要在高校和教师层面予以引导和支持的基础上，强化大学生参与科研育人的内在需要，为高校科研育人作用的实现提供强劲的内外动力。

高校科研育人的驱动机理说明，教育的开展往往有着内在的理论根源，只有从内在和外在条件上进行分析，才能揭示问题的答案，最终推动高校科研育人的实现。总之，高校科研育人需要给予一种系统完善的内外部条件，遵循科研育人的规律；高校科研育人须在科研活动中潜移默化地实施，实现推动大学生在科研中熏陶、体验中学习，强化正确的价值观念和思想情怀。

4.4 高校科研育人的作用机理

高校科研育人的作用机理是高校科研育人活动过程中各体制、机制要素的内在运行规则和原理。根据德国物理学家哈肯的协同理论，高校科研育人作用的实现，需要监控、协调、保障、评价等要素的协同助力。高校科研育人作用机理的运行，在实践中体现为监控机制、协调机制、保障机制和评价机制等机制的协同发展。

4.4.1 以监控机制跟踪育人质量

以监控机制跟踪育人质量在高校科研育人的作用机理中发挥着监控、预警的作用。高校科研育人管理部门根据科研育人质量监控点如科研育人资源数、科研育人知识点覆盖率等，设计相应指标反馈阈值，通过科研育人评估系统建立预警工作流程，对科研育人推进情况进行实时监控，建立起有效的预警机制。以监控机制跟踪科研育人质量，是掌握高校科研育人状态的必要手段。一是开展科研育人监测。通过大数据信息化科研育人平台、手段和工具，快捷、准确采集科研实施的过程数据，跟踪实施科研项目环节相关影响因素。二是进行科研育人预警。通过大量数据监测科研育人活动的有效性和完善性，根据科研育人质量控制点设置育人预警标准，对于达到预警反馈的科研育人活动及时干预，对不满足预设条件的监测结果实时反馈。总之，高校根据科研育人质量控制点设计相应指标反馈阈值，形成第一手量化数据反馈资料，建立起有效预警机制，为反思提供客观依据。

根据高校科研育人部门制定的科研育人建设规划、科研育人建设实施方案、科研育人目标、任务措施、预期效果等，来开展年度科研育人任务的监测；根据高校科研育人部门编制的科研育人标准、科研育人情况分析确定学生达到的育人标准；按照科研目标设计达标考核办法，来开展育人标准的检测。高校科研育人教学中实时跟踪改进课堂教学状态，科教融合情况，并将偏差目标的数据提交科研育人组织机构。高校科研育人实践中实时监视科研项目运行状态，产学研协同育人情况，并将偏差目标的数据提交科研育人组织机构。以学期或年度为单位，结合科研育人达到的状态、育人达标率和教学评测数据生成科研育人质量分析报告。

4.4.2 以协调机制统筹育人的合力

在整个高校科研育人系统中，各子系统之间协同作用，从而提高整个系统的功能。协调机制可以解析为各种主体之间的交织作用，整合不协调的因素，统筹理论与实践的统一，聚合内容与形式的一致，以实现既定的目标。高校科研育人需要多个主体之间的协作配合，以应对新旧理念、共性和个性的矛盾，特别是处理好主体与客体的教育关系。高校科研育人的协调机制可以划分为两类：外部协调和内部协同。外部协调是指高校在实施科研育人时，要协调好高校与社区、企业、机构的关系，进行有效地嫁接，让育人功能真正落在实处；内部协同主要是高校多个部门的协同配合，各部门在不同环节同频共振，为实现科研育人共同出力。高校科学研究育人功能的发挥，取决于不断完善的协调机制。通过对各种主体、各种系统的“联合行动”，使高校科研育人工作能够创新发展。

4.4.3　以保障机制支撑育人的实现

以保障机制支撑育人的实现为高校科研育人的作用机理提供了稳妥可靠的内在运行保障系统。通过运用各种手段和方式，以保障高校科研育人系统的正常运行和有效开展。实现高校科研育人功能，一定要有相应的保障措施来支撑，否则高校科研育人就如“无源之水”。高校科研育人运行的保障机制主要包括各种要素的共同作用，如组织保障、人员保障、政策保障、制度保障和设施保障等。其中，组织保障表现为领导机构的正常运行和科研工作机制的完善，是高校科研育人过程的基础保障；以人员保障为主体构成的高校科研人员队伍，重视培养人才队伍建设，构建高校内部和外部相混合的师资队伍；政策保障主要是提供各种指导性政策和鼓励政策，从顶层设计角度营造良好环境；制度保障主要是指有助于推动科研育人工作制度化发展的高校科研人员运行所依据的各项规章制度；设施保障是科研育人正常运行的基本保障，包括场地、实验室、设备、仪器等。新形势下高校科研育人的运行，还需要其他方面的保障，来完善保障机制。高校科研育人的保障机制贯彻于科研育人的每一个环节，覆盖从起始、过程、结束全过程。起始阶段保障是将高校科研育人质量转化成育人目标或质量要求，制定符合实际的育人方案；过程阶段保障是高校科研育人活动中对育人质量的监控，达到及时纠正偏差的目的；结束阶段保障是以评价为依托，衡量高校科研育人质量达到育人目标的程度。高校科研育人保障机制又分为内部保障和外部保障。内部保障是高校及教师对科研育人的质量进行约束控制和自我生成，外部保障是来自政府和社会的政策、环境等支持保障，内外保障达到内外平衡。高校科研育人保障机制还分为物质基础和精神条件两个方面的保障，物质保障给高校科研育人提供足够的人力、物力和资金的支撑，精神保障给高校科研育人提供源源不断的精神力量。

高校科研育人保障机制的重点是科研育人作用功能的有效发挥。高校科研育人保障机制分为横向内容要素的保障机制和纵向科研育人全过程的保障机制，构成纵横一体的保障链条。高校科研育人保障机制是内部保障和外部保障的统一，构成内外联动保障链条。高校科研育人保障机制是物质基础和精神条件的统一，构成物质精神双重保障链条。高校科研育人保障机制是高校对育人资源、育人过程、育人要素等进行调节、控制，使科研育人朝着科研目标前进的一套科学的科研育人作用系统。

4.4.4 以评价机制检验育人的效果

高校科研育人的评价机制是参照科研育人的目标标准，采取科学的方法对科研育人的效果作出综合价值分析的机制，评价机制包括评价的内容、评价的标准、评价的方法等各种评价关系的总和。高校科研育人开展评价工作不仅有助于全面把握育人现状，对于推动育人的未来发展也具有重要的指导意义。高校科研育人作用的实现，需要科学的评价机制作为验证。高校科研育人作用机理的运行，需要客观的评价机制作为系统构成，形成特定评价功能的有机整体。当前，高校科研育人的相关评价方法主要聚焦于对科研育人组织、科研育人项目、主客体进行表彰。一方面，通过表彰能够以激励认可的方式来促进科研育人的发展，激发科研育人主客体的积极性；另一方面，通过表彰能够以树立榜样的方式，宣传和推广好的经验做法，为其他科研育人组织明确努力的方向。此外，高校科研育人除了内部自我评价之外，还可以授权第三方机构进行评价，建立健全客观、完善的评价机制。评价机制对高校科研育人的发展起到了良好的作用。但是，已有的评价机制并未对科研育人作用的效果进行深入评价。因此，高校仍须探索更加科学完善的评价机制，力求从多方面、多层次来判断科研育人作用的效果，同时发现存在的不足，并采取有针对性的举措来强化科研育人的作用。

对整个科研育人体系的有效运行，以及更有效地实现科研育人的作用，高校科研育人构建生成阶段的科学评价具有重要的推动作用。高校科研育人评价是一个系统的、链条式的过程，评价的目的是衡量诊断科研育人是否达到目标，更是对今后能达到更加完善的境界提供指导意见。总之，高校科研育人评价机制从宏观与微观的关系中把握科研育人的评价目的；从内容和指标的关系中把握科研育人的评价向度，构成高校科研育人作用机理的评价运行规则和原理。

高校科研育人的建构生成阶段是高校科研育人的作用机理发挥育人作用的阶段，是由监控、协调、保障、评价各子系统共同运行、有机联系的阶段。高校科研育人质量的提升有赖于这些子系统同频共振，通过优化这些子系统，达到提升高校科研育人质量的目标。

4.5 高校科研育人的反思机理

反思机理是高校科研育人的主客体对自身行为的彻底领悟以及理性认知，这一理性认知是极其复杂的思想矛盾斗争过程，它是高校科研育人主客体灵魂深处的内省与反思，实现育人理念、价值等方面的自主认知、理性超越与科研育人实践的统一。反思是高校科研育人过程中特别重要的环节，反思成果也可成为新的科研立项起点，使反思与育人、教学与研究相互联结，丰富高校科研项目的教育内涵。反思机理是高校科研育人五环质量改进螺旋的核心内容。

高校科研育人质量的提高有赖于主客体持续有效的反思，通过反思能够不断完善自身，达到科研育人的目标标准。高校科研育人主客体应积极、主动地进行检视获得反馈，更重要的是时刻反省自己科研工作的每一个环节和因素，针对科研育人环境的复杂性和思想认知的多样性，善于对自己的行为进行回顾、诊断、检视和反馈，从而达到对育人模式、育人方法的创新，促进知行合一。

4.5.1 反思机理的构成

内省作为反思机理的重要组成部分不可缺少。所谓内省，是指主客体对科研育人规范在心底进行省察、认知，是道德主体自身和自身的心理对话，深入地审视育人思想。内省的特征是主客体内心的矛盾斗争，其目标是主客体本身的省察和理解育人的规范，强调在内心构建道德观念的重要性。所谓的“反思”，就是反观性思考，是指主客体对高校科研育人目标标准的深刻理解和高度认同，对科研育人过程中的道德实践、价值规范、经验教训的总结，进行再思考、再认识、再追根溯源。反思是由道德的主客体检视自己的言谈举止，进一步加深自身心中的道德理念。高校科学研究人员内省与反思相结合，形成高校科研育人的反思机理。

4.5.2 反思机理的类型

高校科研育人的反思机理从检视的范围来看，可把纵向反思与横向反思相结合；从反思的频率来看，可把考核性反思与日常性反思相结合；从反思的方式来看，可把引导性反思和互动式反思相结合。多种反思相结合、相联系，形成立体化、多层次的反思机理。一是采取纵向反思与横向反思相结合。纵向反思是回顾高校科研育人的起始、过程、结尾，吸取教训总结经验。横向反思是某一个时间段内对科研育人的态度、内容、方法、策略、效果等进行反思，对不足之处及时进行更正。纵向反思与横向反思相结合，形成相互联系、相互作用的科研育人纵横反思机理。二是考核性反思与日常性反思相结合。考核性反思是高校科研育人管理部门运用考核手段对科研育人的状态及其效果进行评判，主客体根据反馈的意见及时进行反思，修正自己的不足。日常性反思是主客体对自己日常科研中的行为进行经常性深入思考，不断检视自己的行为和价值取向。考核性反思与日常性反思相结合，形成定时反思和不定时反思相联系、相作用的常性反思机理。三是引导性反思和互动式反思相结合。引导性反思是指高校组织的培训、学习、讲座等反思性科研活动以及反思性激励措施，引导主客体形成自觉反思意识。互动式反思机制是主客体彼此之间的相互交流以及认真地听取课题组其他人员的意见和建议，为反思自己的行为提供最直接的依据，解决高校科研育人的现实问题，提高自身素质和育人成效，达到科研工作与育人要求之间的一致性。引导性反思和互动式反思相结合，形成引导互动的多层次反思机理。此外，高校科研育人主客体根据监控信息系统生成的科研育人报告，结合质量监控提供的测评数据进行综合分析反思，从而形成高校科研育人反思分析报告，为提升改进优化提供依据，保证了高校科研育人诊改的内生性、自主性和持续性。

总之，反思机理是高校科研育人针对计划的实际组织与实施过程进行“育人反思”的过程，包括目标标准设计的科学性、组织设计的合理性、组织实施的可操作性等内容，是对育人前、育人中环节的内容、方式方法、过程等全流程的反思与诊断。反思建立在网络信息技术的基础之上，对照目标、检查标准完成情况，用量化的数据说明好的做法和不足之处，这样的反思更具有说服力。反思机理反映了高校科研育人的内在规律性，认识并运用此机理对于主客体更好地进行科研育人提高育人水平，有着重要的意义。

4.6 高校科研育人的优化机理

优化机理是指高校科研育人的主客体对存在的问题进行补充，提升改进，以达到最佳的科研育人模式。优化机理是在学习、创新等措施提升的基础上进行改进的运行原理。

4.6.1 优化价值引领

价值引领的问题是高校科研育人的核心问题。高校科研育人是有方向、有立场、有原则的育人活动。高校科研育人必须始终坚持方向不变、立场不移、原则不改，无论高校科研育人怎么育、育的程度如何，都要始终坚持正确的政治方向、践行社会主义核心价值观的价值取向，突出正确的学术导向。因此，优化价值引领不能笼统地说高校科研育人在某个方面滞后，因科研项目本身及难度的差异性，高校科研育人在某些方面、某段时间，可能不会很快、很明显地呈现，问题的实质在于整个科研育人项目是否坚持正确的政治方向，是否践行社会主义核心价值观的价值取向，是否突出正确的学术导向。

在高校科研育人的优化机理系统中，对接反思机理，优化价值引领主要就政治方向、价值取向、学术导向进行优化，三者之间相互联系、相互作用，构成完整的优化机理价值引领系统。首先，把高校科研育人项目有没有坚持正确的政治方向进行对表对标优化。坚决纠正偏离和违背正确的政治方向的科研育人项目及政治意识不强的行为，对于违反政治纪律的科研育人项目及时责令停止，确保高校科研育人事业始终沿着正确的政治方向前进。其次，把高校科研育人项目有没有践行社会主义核心价值观进行对照检查。坚决纠正偏离和违背社会主义核心价值观的科研育人项目及缺乏价值观意识的行为，对于严重失德的科研育人项目及时责令停止，确保高校科研育人事业始终遵循历史发展潮流，推动社会进步和符合人民根本利益。最后，把高校科研育人项目有没有突出正确的学术导向进行利弊权衡。坚决纠正偏离和违背正确的学术导向的科研育人项目及学术不端行为，对于严重违反学术规范的科研育人项目及时责令停止，确保高校科研育人事业始终端正科研之风，营造良好的学术生态。

4.6.2 优化目标设计

目标设计问题是高校科研育人的重点问题，要重点关注高校科研育人整个项目本身的合理性。高校科研育人是有目标、有标准、有计划、有组织的育人活动。高校科研育人必须始终坚持目标清晰、标准规范、计划周密、组织有序，无论什么样的高校科研育人，都应该事先确立这些原则。高校科研育人不能笼统地说是否达到效果，也不能毫无准备地进行，问题的实质在于整个科研育人项目的目标是否清晰，标准是否规范，计划是否周密，组织是否有序。

在高校科研育人的优化机理系统中，优化目标设计主要就目标、标准、计划、组织进行优化，四者之间相互联系、相互作用，构成严密的优化机理目标设计系统。首先，优化目标子系统。根据反思机理系统折射出的目标问题，围绕高校科研育人目标是否清晰、是否科学进行目标设计调整。一方面，纠正偏离和违背目标的科研育人项目及缺失目标的行为；另一方面，优化组织机理系统中的目标本身，使基本目标可测量、可评价，目标链更加完善。其次，优化标准子系统。根据反思机理系统折射出的标准问题，着重于高校科研育人标准是否规范，标准是否有效进行标准设计调整。一方面，纠正偏离和违背标准的科研育人项目及有失标准的行为；另一方面，优化组织机理系统中的标准本身，使基本标准既符合实际，又适度超前，标准链更加完善。再次，优化计划子系统。根据反思机理系统折射出的计划问题，致力于高校科研育人计划是否周密，计划是否合理进行计划设计调整。一方面，纠正偏离和违背计划的科研育人项目及毫无计划的行为；另一方面，优化组织机理系统中的计划本身，使高校科研育人计划更具有较强的可操作性。最后，优化组织子系统。根据反思机理系统折射出的组织问题，着力于高校科研育人组织是否有序，部署是否成功进行组织设计调整。一方面，纠正偏离和违背组织的科研育人项目及不遵守组织管理原则的行为；另一方面，优化组织机理系统中的组织本身，使高校科研育人组织安排更扎实有序，体现精心设计。

4.6.3 优化制度建设

制度建设问题是高校科研育人的关键问题，要聚焦于高校科研育人整个项目本身的科学性。高校科研育人是在监督机制、激励机制、评价机制等一系列制度规定性框架内的育人活动。高校科研育人必须始终坚持监督机制的有效性、激励机制的多元性以及评价机制的客观性，无论高校科研育人怎样育人，都应该遵循这些原则。高校科研育人不能无制度安排地育人，也不能缺乏执行力地育人，问题的实质在于高校科研育人的制度安排中监督机制是否具有有效性，激励机制是否具有合理性，评价机制是否具有可行性。

在高校科研育人的优化机理系统中，优化制度安排主要就监督机制、激励机制、评价机制等各项制度子系统进行优化，各项制度相互联系、相互作用，构成科学的优化机理制度系统。首先，优化监督机制子系统。优化监督机制主要就监督机制是否完善，是否全覆盖，是否出现监督空白地带，监督形式是否有效，监督的手段和方法是否发挥作用等方面进行监督机制改进调整。一方面，督促监督机制的实施及制止滥用监督机制的行为；另一方面，优化组织机理系统中的监督机制本身，使高校科研育人监督机制更加健全高效。其次，优化激励机制子系统。优化激励机制侧重于激励机制是否健全、激励的方式方法是否多样等方面进行激励机制改进调整。一方面，督促激励机制的实施及滥用激励机制的行为；另一方面，优化组织机理系统中的激励机制本身，使高校科研育人激励机制更加健全多元。最后，优化评价机制子系统。优化评价机制侧重于评价机制是否健全，是否客观，是否多维度等方面进行评价机制改进调整。一方面，督促评价机制的实施及制止滥用评价机制的行为；另一方面，优化组织机理系统中的评价机制本身，使高校科研育人评价机制更加客观合理。此外，高校科研育人优化目标设计子系统中，优化科研育人的内容、方法、手段等方面，也理应是题中应有之义。

高校结合自身实际，建立科学、有效的五环质量改进育人机理，对于强化高校科研育人的内部治理能力，提升高校科研育人水平和人才培养质量，推动高校科研育人内涵发展有着至关重要的作用，不断优化和完善高校科研育人五环质量改进螺旋，形成更加稳定的高校科研育人机理，不断推动我国高校科研育人建设的优质发展。

第五章　高校科研育人的现状分析

近年来，随着高校科研育人的深入开展，教育主体和客体对科研育人价值内涵的认知不断加强，对科研育人过程机理的探索不断深入，科研育人取得了一定的成效。但是，受地域、民族、社会经济发展状况等因素的影响，各地高校落实科研育人的情况参差不齐，困囿于育人意识、价值取向、育人实践、育人载体、育人环境、运行机制等方面，育人成效因地、因人而异。故此，本研究选取全国 12 所在学科、地域上具有代表性的高校师生为研究对象，通过问卷调查，对高校科研育人基本现状进行分析，以期为构建科学有效的高校科研育人体系提供第一手数据支撑。

5.1　调查研究设计与实施

调查问卷的内容：调查问卷分为教师问卷和学生问卷，调查内容分为两个部分。第一部分为被调查者的基本情况，学生问卷主要包括性别、年级、政治面貌、民族等，教师问卷主要包括性别、年龄、岗位级别等。第二部分主要包括高校师生科研活动的参与情况、师生对科研育人的认知情况、科研育人功能的实现情况、育人过程机理的反映情况，以及高校科研育人体系的构建情况。本研究主要采用量化研究与质化研究相结合的研究范式，以问卷调查为主，辅之以访谈。

调查问卷的检测：为了保证问卷的信度和效度，于 2021 年 8-9 月选取了中国地质大学（武汉）158 名学生（本科生、硕士研究生、博士研究生）和 45 名教师（教学型、科研型、教学科研型教师）开展了 4 次问卷的重复初测。通过“问卷星”平台的分析软件 SPSSAU，对调查数据进行了频率分析、相关性分析、回归分析和交叉分析等，以检验相关题目的信度和效度。结果显示，不管是学生还是教师，4 次检测结果都很接近，说明问卷信度较高；且检测结果反映出了所检测对象的真正特征，说明效度较高。因此，问卷题目均符合信效度检测标准，可以用于实际调查。

调查问卷的对象：调查采用分层抽样的方法对调查对象进行合理抽样，于 2021 年 10 月

5日至2021年11月10日选取中国地质大学（武汉）、华中科技大学、武汉大学、武汉理工大学、湖北工业大学、湖北中医药大学、贵州大学、贵州师范大学、重庆师范大学、桂林理工大学、汉口学院、武汉设计工程学院等12所高校中的2480名学生和560名教师为对象。高校涵盖了应用型高校、教学型高校、研究型高校、教学研究型高校；学生涵盖了不同年级、不同专业的在校本科生、硕士研究生和博士研究生；教师涵盖了教学型、科研型、教学科研型教师，涉及到做到人文社会科学、自然科学领域的教师，且大部分教师均承担了各级各类科研项目，并指导本科生、硕士研究生和博士研究生，具备科研育人的基础和条件。总体来看，调查对象数量充足、分布均衡且覆盖面较大，具有一定的代表性。

调查问卷的情况：本次调查通过“问卷星”在网络上进行了问卷调查，合计发放学生问卷2480份、教师问卷560份，最终回收学生问卷2376份、教师问卷540份，其中学生有效问卷2229份（样本部分情况统计见图5.1）、教师有效问卷514份（样本部分情况统计见图5.2），问卷的有效率分别为93.81%和95.19%。

表5.1　学生问卷样本分布基本情况统计表

X\Y	A. 本科生	B. 硕士研究生	C. 博士研究生	小计
A. 群众/A. 男	218（72.19%）	61（20.20%）	23（7.62%）	302
A. 群众/B. 女	230（70.77%）	78（24%）	17（5.23%）	325
B. 共青团员/A. 男	189（38.65%）	258（52.76%）	42（8.59%）	489
B. 共青团员/B. 女	254（43.64%）	284（48.80%）	44（7.56%）	582
C. 中共党员/A. 男	49（20.25%）	164（67.77%）	29（11.98%）	242
C. 中共党员/B. 女	43（14.88%）	200（69.20%）	46（15.92%）	289

表5.2　教师问卷样本分布基本情况统计表

X\Y	A. 教学型	B. 研究型	C. 教学科研型	小计
A. 男/A. 教授	10（15.63%）	19（29.69%）	35（54.69%）	64
A. 男/B. 副教授	14（25.93%）	14（25.93%）	26（48.15%）	54
A. 男/C. 讲师	38（38.78%）	30（30.61%）	30（30.61%）	98
A. 男/D. 特殊引进人才	0（0.00%）	3（100%）	0（0.00%）	3
B. 女/A. 教授	22（40.74%）	20（37.04%）	12（22.22%）	54
B. 女/B. 副教授	14（20.29%）	36（52.17%）	19（27.54%）	69
B. 女/C. 讲师	77（46.39%）	56（33.73%）	33（19.88%）	166
B. 女/D. 特殊引进人才	0（0.00%）	5（83.33%）	1（16.67%）	6

5.2 高校科研育人现状

关于高校科研育人运行的基本情况，分别从高校师生科研状况、高校科研育人的客观现实、高校师生对科研育人的看法三个方面进行了统计分析。

5.2.1 高校师生科研状况调查

1. 高校师生参与科研现状

学生问卷主要是收集参与科研数据，教师问卷主要是收集教师指导学生数量、承担科研项目级别、近三年发表的最高级别刊物等数据。通过图 5.3 可以看出，40.56%的本科生、80.57%的硕士研究生和 94.93%的博士研究生均不同程度地参与了科研活动。图 5.4 的调查数据反映出绝大部分教师承担过校级以上项目，仅有 4%的教学型教师、0.55%的研究型教师、2.56%的教学科研型教师暂时还没有项目。因岗位类型具有差异性以及申请科研项目难易程度不同，因此存于不类型的教师参与科研程度有所不同，总体而言高校教师绝大部分参与科研活动。

表 5.3　高校学生参与科研现状

X\Y	A. 是	B. 否（选此项者，直接跳转至 18 题）	小计
A. 本科生	399（40.56%）	584（59.44%）	983
B. 硕士研究生	842（80.57%）	203（19.43%）	1045
C. 博士研究生	191（94.93%）	10（5.07%）	201

表 5.4　高校教师申报科研项目级别

X\Y	A. 国家级项目	B. 省部级项目	C. 市厅级项目	D. 校级项目	E. 暂时还没有项目	小计
A. 教学型	15（8.57%）	22（12.57%）	47（27.14%）	84（47.72%）	7（4%）	175
B. 研究型	37（20.13%）	56（30.80%）	71（38.59%）	18（9.93%）	1（0.55%）	183
C. 教学科研型	19（12.02%）	28（18.10%）	55（35.33%）	50（31.99%）	4（2.56%）	156

2. 高校师生参与科研的动机

高校学生参与科研的动机是科研育人的重要影响因素。通过对本科生、硕士研究生、博士研究生统计数据的横向对比，从图 5.5 反映出，刚刚踏入高校、进入人生新阶段的本科生对科研有一定的兴趣和好奇心，占比仅有 40.16%，硕士研究生和博士研究生对科研保持着浓厚的兴趣，占比分别高达 60.16%和 72.23%；学生普遍认识到科研活动的重要性，认为可以“加深对于专业知识的学习，提升自己的科研水平”，占比分别是 43.08%、54.45%、60.15%；教师作为高校科研育人过程中的主体要素，其对本科生的科研引领作用尤为重要，主动要求学生参与科研的比例达到 47.46%；值得注意的是，本科生认为科研是“完成毕业论文的需要”的占比为 42.9%；主动“创新科技，报效祖国”的占比仅为 45.04%，低于硕士研究生的 58.76%和博士研究生的 63.74%，且“其他原因”占比在三者中也最高，这说明本科生对科学研究的重要意义理解不够深刻，主观层面开拓创新的进取意识不足，高校科研育人主体应主动加以引导。

表 5.5 高校学生参与科研的动机

X\Y	A. 对于科研感兴趣	B. 加深对于专业知识的学习，提升自己的科研水平	C. 导师要求，被动参与	D. 完成毕业论文的需要	E. 创新科技，报效祖国	F. 其他原因	小计
A. 本科生	253 (40.16%)	271 (43.08%)	299 (47.46%)	270 (42.90%)	284 (45.04%)	86 (13.59%)	630
B. 硕士研究生	210 (60.16%)	540 (54.45%)	310 (31.23%)	624 (62.90%)	583 (58.76%)	95 (9.59%)	992
C. 博士研究生	126 (72.23%)	105 (60.15%)	44 (25.16%)	98 (56.32%)	111 (63.74%)	10 (5.62%)	174

高校教师参与科研的动机直接关系到科研育人效果。通过对教授、副教授、讲师、特殊引进人才统计数据进行横向对比，从图 5.6 反映出，70%以上的教师认为通过科研促进教学，提高教学质量；50%以上教师从事科研的动机是技术创新，服务社会；超过 55%的教师认为是完成规定的科研工作量，通过考核，获评职称的需要；甚至还有 20%多的教师认为是通过科研项目创收。这组数据表明还有部分高校教师对从事科研活动的价值理解不够深刻，特别是还需要进一步提高对科研育人的认识。

表 5.6　高校教师参与科研的动机

X\Y	A. 探索新知，破解未知	B. 技术创新，服务社会	C. 通过科研促进教学，提高学生和教学质量	D. 完成规定的科研工作量，通过考核，获评职称的需要	E. 通过科研项目创收	F. 其他	小计
A. 教授	57（48.31%）	61（51.69%）	86（72.88%）	67（56.78%）	35（29.66%）	3（2.54%）	118
B. 副教授	59（47.97%）	75（60.98%）	89（72.36%）	84（68.29%）	27（21.95%）	5（4.07%）	123
C. 讲师	100（37.88%）	149（56.44%）	185（70.08%）	149（56.44%）	64（24.24%）	1（0.38%）	264
D. 特殊引进人才	4（44.44%）	6（66.67%）	7（77.78%）	5（55.56%）	3（33.33%）	0（0.00%）	9

3. 学生论文选题的来源

学生论文选题的来源，可以反映出学生参与科研的情况，以及导师在科研活动过程中对于学生直接或者间接的影响。从图 5.7 统计数据可以看出，34.6%的本科生、38.41%的硕士研究生、37.93%的博士研究生的论文选题是在导师建议下选题的。26.67%的本科生、34.78%的硕士研究生、30.46%的博士研究生论文选题来源于导师的科研项目。18.1%的本科生、15.52%的硕士研究生、20.69%的博士研究生论文选题是在导师科研项目启发下选取的。可以看出不管是本科生、硕士研究生还是博士研究生，79.37%以上的学生论文的选题直接或者间接源自导师，导师在科研活动过程中对学生有主导性影响。

表 5.7　学生论文选题的来源

X\Y	A. 自选题目	B. 在导师建议下选题	C. 来源于导师的科研项目	D. 在导师科研项目启发下选题	E. 其他	小计
A. 本科生	128（20.32%）	218（34.60%）	168（26.67%）	114（18.10%）	2（0.32%）	630
B. 硕士研究生	94（9.48%）	381（38.41%）	345（34.78%）	154（15.52%）	18（1.81%）	992
C. 博士研究生	19（10.92%）	66（37.93%）	53（30.46%）	36（20.69%）	0（0.00%）	174

4. 学生参与科研活动的时间情况

学生参与科研活动的时间情况可以直接反映当前高校科研育人的现状。从图 5.8 反映出 8.25%的本科生、32.36%的硕士研究生、44.03%的博士研究生均表示有较多时间参与科研项目，还有 26.94%的本科生、58.51%的硕士研究生、47.75%的博士研究生表示较少时间参与科研项目，可以看出学生参与科研的时间相对较多。其中硕士研究生和博士研究生全天候参与科研活动人数比率高于本科生，这说明学历层次越高，参与科研活动的时间也相对越长。

表 5.8 学生参与科研活动的时间情况

X\Y	A. 较多时间参与科研项目研究	B. 较少时间参与科研项目研究	C. 偶尔参与科研项目研究	D. 从来不参与科研项目研究	小计
A. 本科生	52（8.25%）	170（26.94%）	316（50.17%）	92（14.64%）	630
B. 硕士研究生	321（32.36%）	580（58.51%）	85（8.53%）	6（0.60%）	992
C. 博士研究生	77（44.03%）	83（47.75%）	13（7.74%）	1（0.48%）	174

5. 学生在科研活动中承担的工作

从图 5.9 问卷结果来看，学生在科研活动中主要承担收集、整理资料，做实验或者调查数据，撰写实验报告或者论文，管理发票以及报账，管理仪器设备和场地等事务性工作，不同学科领域的学生在科研活动中承担的任务有所不同，但是基本上差别不是很大，主要是一些常规性工作项目。

表 5.9 学生在科研活动中承担工作情况

X\Y	A. 收集、整理资料	B. 做实验或者调查数据	C. 撰写实验报告或者论文之类	D. 管理发票以及报账之类	E. 管理仪器设备和场地等事务性工作	F. 其他	小计
A. 自然科学	577（48.53%）	590（49.62%）	832（69.97%）	385（32.38%）	323（27.17%）	98（8.24%）	1189
B. 人文社会科学	310（51.07%）	304（50.08%）	413（68.04%）	225（37.07%）	173（28.50%）	31（5.11%）	607

6. 学生在科研活动中的收获

学生在科研活动过程中是否有收获，直接关系到高校科研育人的效果。从图 5.10 统计的整体情况来看，不管是自然科学还是人文社会科学领域，75%以上的学生在科研活动中是有收获的。

表 5.10 学生在科研活动中的收获情况

X\Y	A. 有	B. 无	C. 其他	小计
A. 自然科学	922（77.54%）	256（21.53%）	11（0.93%）	1189
B. 人文社会科学	467（76.94%）	130（21.42%）	10（1.65%）	607

5.2.2 高校教师育人状况调查

1. 教师对所在高校科研政策满意度

高校科研政策作为高校育人过程的环体，其科学与否直接影响育人过程主体，即教师参与科研活动的信心和动力。从图 5.11 统计数据来看，目前仅有 42.15%的教授、38.28%的副教授、25.86%的讲师、35.56%的特殊引进人才对于自己所在学校科研政策比较满意。高校还需要根据实际情况，进一步完善及深化改革。

表 5.11 教师对所在高校科研政策满意度

X\Y	A. 满意	B. 比较满意	C. 一般	D. 不满意	E. 极其不满意	小计
A. 教授	30（25.42%）	50（42.15%）	30（26.12%）	7（5.93%）	1（0.38%）	118
B. 副教授	24（19.32%）	47（38.28%）	38（31.17%）	13（10.63%）	1（0.60%）	123
C. 讲师	35（13.15%）	68（25.86%）	109（41.43%）	49（18.58%）	3（0.98%）	264
D. 特殊引进人才	3（33.33%）	3（35.56%）	2（29.48%）	1（1.63%）	0（0.00%）	9

2. 教师所在高校是否强重视科研育人

高校是否重视科研育人直接影响高校科研育人工作的开展，从图 5.12 反映的总体情况来看，84.75%的教授、78.86%的副教授、65.91%的讲师、88.89%的特殊引进人才认为学校重视科研育人，其中还有部分教师认为学校不重视科研育人，甚至不太清楚学校是否重视科研育人。高校应该进一步增强教师的科研育人意识。

表 5.12 教师所在高校是否重视科研育人

X\Y	A. 是	B. 否	C. 不清楚	小计
A. 教授	100（84.75%）	14（11.86%）	4（3.39%）	118
B. 副教授	97（78.86%）	18（14.63%）	8（6.50%）	123
C. 讲师	174（65.91%）	60（22.73%）	30（11.36%）	264
D. 特殊引进人才	8（88.89%）	1（11.11%）	0（0.00%）	9

3. 高校教师在科研过程中是否对学生进行思想政治教育

高校教师是高校科研育人的主体，直接影响到科研育人过程中的客体，在科研活动过程中占据主导地位，是科研育人活动的承担者、发动者和实施者。通过统计分析的图 5. 13 得出 42. 06%的本科生、52. 22%的硕士研究生、46. 55%的博士研究生认为高校教师在科研活动过程中有对学生进行思想政治教育。44. 26% 的本科生、39. 11% 的硕士研究生、47. 13%的博士研究生认为高校教师在科研活动过程中没有刻意对学生进行思想政治教育。13. 68%的本科生、8. 67%的硕士研究生、6. 32%的博士研究生认为在科研活动过程中教师没有进行思想政治教育。可见在科研活动过程育人理念还有待提升。

表 5. 13 高校教师在科研过程中是否对学生进行思想政治教育

X\Y	A. 进行	B. 不刻意进行	C. 不进行	小计
A. 本科生	265（42. 06%）	279（44. 26%）	86（13. 68%）	630
B. 硕士研究生	518（52. 22%）	388（39. 11%）	86（8. 67%）	992
C. 博士研究生	81（46. 55%）	82（47. 13%）	11（6. 32%）	174

4. 教师在科研过程中运用什么方式对学生进行思想政治教育

学生是科研实践活动的客体，是接受者和受动者，通过科研育人主体的影响和塑造，使其思想政治素质、道德法律素质朝着科研育人主体预想的方向发展。通过统计分析的图 5. 14 可以看出，85. 59%的教授、86. 18%的副教授、79. 92%的讲师、77. 78%的特殊引进人才通过以身作则的行为示范对学生进行思想政治教育。还有 66. 1%的教授、65. 85%的副教授、67. 05%的讲师、88. 89%的特殊引进人才注重科研团队氛围的熏陶，可见在科研过程中教师对学生进行思想政治教育主要是通过以身作则、言传身教、科研团队氛围熏陶、口头教育等方式。面对新时代的大学生，我们需要不断创新改革思想政治教育方式，优化科研育人模式。

表 5. 14 教师在科研过程中对学生进行思想政治教育的方式

X\Y	A. 口头教育	B. 以身作则	C. 科研团队氛围影响	D. 其他	小计
A. 教授	63（53. 39%）	101（85. 59%）	78（66. 10%）	3（2. 54%）	118
B. 副教授	67（54. 47%）	106（86. 18%）	81（65. 85%）	5（4. 07%）	123
C. 讲师	115（43. 56%）	211（79. 92%）	177（67. 05%）	12（4. 55%）	264
D. 特殊引进人才	6（66. 67%）	7（77. 78%）	8（88. 89%）	0（0. 00%）	9

5. 高校教师对待科学研究的态度

科研育人的主体——教师对待科学研究的态度，直接决定着高校科研育人的成效。调查结果图 5. 15，高校教师认可度较高的观点有：科学研究应该坚持党的领导、科学研究应该坚持马克思主义的指导、科学无国界科学家有祖国、科学研究应该追求学术自由等。彰显着这些高校教师胸怀祖国、拥护我党的爱国精神，追求真理、严谨治学的求实精神，淡泊名利、潜心研究的奉献精神。但还存在极少量价值中立、科学研究泛西化等问题，需要进一步完善科研育人方式方法，营造积极健康的科研育人氛围。

表 5.15　高校教师对待科学研究的态度

X\Y	A. 科学研究应该追求学术自由	B. 科学无国界，科学家有国别	C. 科学研究应该坚持党的领导	D. 科学研究应该坚持马克思主义的指导	E. 科学研究应该保持价值中立	F. 科学研究中存在泛西化的情况	小计
A. 教授	57（48.31%）	79（66.95%）	84（71.19%）	75（63.56%）	37（31.36%）	26（22.03%）	118
B. 副教授	67（54.47%）	86（69.92%）	78（63.41%）	83（67.48%）	53（43.09%）	19（15.45%）	123
C. 讲师	112（42.42%）	163（61.74%）	185（70.08%）	168（63.64%）	100（37.88%）	38（14.39%）	264
D. 特殊引进人才	5（55.56%）	6（66.67%）	5（55.56%）	7（77.78%）	2（22.22%）	1（11.11%）	9

5.2.3　高校师生对科研育人的态度

1. 在科研活动过程中，教师对于学生产生哪些影响

在科研活动过程中，高校科研育人主体教师对于学生的影响直接关系到科研育人的实施情况。通过图 5.16 的统计数据可以看出，本科生、硕士研究生、博士研究生都认为：教师的学术水平和知识能力素养，教师的思想道德和人格魅力，教师求真务实的科研作风，教师的学术诚信态度以及以教师为中心的科研团队等都会对学生产生重大影响。可见，科研育人主体以精湛的学术水平、高尚的道德情操、务实的科研作风，“润物细无声”地影响学生的求知欲望和健全人格的养成，能达到良好的育人效果。

表 5.16 在科研过程中，教师对学生的影响

X \ Y	A. 教师的学术水平和知识能力素养	B. 教师的思想道德和人格魅力	C. 教师求真务实的科研作风	D. 教师的学术诚信的态度	E. 以教师为中心的科研团队	F. 其他	小计
A. 本科生	297（47.14%）	373（59.21%）	367（58.25%）	348（55.24%）	203（32.22%）	9（1.43%）	630
B. 硕士研究生	575（57.96%）	437（44.05%）	334（33.67%）	361（36.39%）	416（41.94%）	74（7.46%）	992
C. 博士研究生	92（52.87%）	96（55.17%）	74（42.53%）	74（42.53%）	65（37.36%）	6（3.45%）	174

2. ***在科研过程中，教师哪些方面影响到学生***

在科研活动过程中，教师会直接影响到学生，关系到科研育人的效果。从图 5.17 反映出的情况看，95%以上的本科生、硕士研究生、博士研究生都认为：科研活动巩固了专业理论知识，提高了科研兴趣；教师的科研动机影响学生的价值取向；教师的科研组织影响学生的合作精神；教师的科研精神影响学生的顽强拼搏精神；教师的科研方法影响学生的方法论；教师的科研成果影响学生的世界观。在科研活动过程，教师对于学生的影响至关重要，直接影响科研育人的成效。

表 5.17 在科研过程中，教师哪些方面影响到学生

X \ Y	A. 巩固了专业理论知识，提高了科研兴趣	B. 教师的科研动机对于学生价值取向的影响	C. 教师的科研目标对于学生人生选择的影响	D. 教师的科研组织对于学生合作精神的影响	E. 教师的科研精神对于学生顽强拼搏精神的影响	F. 教师的科研作风对于学生严谨治学的影响	G. 教师的科研方法对于学生方法论的影响	H. 教师的科研成果对于学生世界观的影响	I. 其他	小计
A. 本科生	258（40.95%）	332（52.70%）	265（42.06%）	282（44.76%）	203（32.22%）	199（31.59%）	161（25.56%）	144（22.86%）	10（1.59%）	630
B. 硕士研究生	457（46.07%）	193（19.46%）	194（19.56%）	241（24.29%）	231（23.29%）	164（16.53%）	366（36.90%）	311（31.35%）	35（3.53%）	992
C. 博士研究生	79（45.40%）	48（27.59%）	49（28.16%）	48（27.59%）	34（19.54%）	38（21.84%）	51（29.31%）	52（29.89%）	9（5.17%）	174

3. ***高校教师在科研活动中培养学生哪些精神品质***

在科研活动过程中，科研育人主体教师对于学生科学精神品质的培养是属于科研育人

的关键环节。通过图 5.18 统计数据分析，不难看出不管是教授、副教授、讲师还是特殊引进人才，不同职称的高校教师均注重培养学生至诚报国的理想追求、敢为人先的创新精神、开拓创新的进取意识和严谨求实的科研作风。对于学生这些精神品质的培养，可以帮助学生构建自身良好的思想政治素质、道德法律素质的构建。

表 5.18　教师在科研活动中培养学生哪些精神品质

X\Y	A. 至诚报国的理想追求	B. 敢为人先的科学精神	C. 开拓创新的进取意识	D. 严谨求实的科研作风	小计
A. 教授	82（69.49%）	91（77.12%）	84（71.19%）	60（50.85%）	118
B. 副教授	81（65.85%）	103（83.74%）	98（79.67%）	58（47.15%）	123
C. 讲师	145（54.92%）	198（75%）	196（74.24%）	116（43.94%）	264
D. 特殊引进人才	7（77.78%）	6（66.67%）	9（100%）	4（44.44%）	9

4. 科研活动对学生良好思想品德形成是否有帮助

科研活动对育人客体良好思想品德形成是否有帮助直接影响到高校科研育人的效果。通过调查数据图 5.19 反映出 28.57%的本科生、20.46%的硕士研究生、18.97%的博士研究生均认为科研活动对良好思想品德形成比较有帮助。还有 52.7%的本科生、37.3%的硕士研究生、44.83%的博士研究生均认为科研活动对良好思想品德形成有一定帮助。可见科研活动可以发挥育人作用，对于科研育人客体起到“随风潜入夜，润物细无声”的良性教育效果。

表 5.19　科研活动对学生良好思想品德形成是否有帮助

X\Y	A. 比较有帮助	B. 有一定帮助	C. 帮助较小	D. 暂无帮助	E. 其他	小计
A. 本科生	180（28.57%）	332（52.70%）	92（14.60%）	19（3.02%）	7（1.11%）	630
B. 硕士研究生	203（20.46%）	370（37.30%）	209（21.07%）	208（20.97%）	2（0.20%）	992
C. 博士研究生	33（18.97%）	78（44.83%）	39（22.41%）	22（12.64%）	2（1.15%）	174

5. 高校在科研管理过程中主要将思想价值融入哪些方面

高校属于科研育人过程中的介体，是连接主体教师与客体学生之间的媒介。通过图 5.20 的统计数据可以看出，处于不同职称结构的教授、副教授、讲师，特殊引进人才认为可以将思想价值融入以下方面：科研方向引导、科研项目创设、科研过程管理、科研资源配置、科研成果孵化等。其中科研过程管理占比较高，高校教师重视对学生进行这些方面的培养，高校科研管理过程中的思想价值理念会影响到科研活动过程。高校在科研管理方面还可以进一步多元化，制定行之有效的科研管理办法，促进高校多方整合资源，完善科研育人评价体系和机制。

表 5.20 科研管理方面主要思想价值融入哪些方面

X\Y	A. 科研方向引导	B. 科研项目创设	C. 科研过程管理	D. 科研资源配置	E. 科研成果孵化	F. 以上都没有	G. 其他	小计
A. 教授	51（43.22%）	70（59.32%）	75（63.56%）	72（61.02%）	49（41.53%）	11（9.32%）	1（0.85%）	118
B. 副教授	65（52.85%）	82（66.67%）	84（68.29%）	73（59.35%）	53（43.09%）	8（6.50%）	2（1.63%）	123
C. 讲师	104（39.39%）	176（66.67%）	153（57.95%）	149（56.44%）	135（51.14%）	23（8.71%）	1（0.38%）	264
D. 特殊引进人才	6（66.67%）	6（66.67%）	7（77.78%）	4（44.44%）	5（55.56%）	0（0.00%）	0（0.00%）	9

6. 科研活动重点培养学生哪些方面

通过科研活动应该重点培养学生哪些方面，直接影响着科研育人的效果。通过图 5.21 的统计数据可以看出高校教师在科研活动过程中侧重于培养学生的政治立场、道德品行、学术水平、人格魅力等层面。其中 76%以上的教师均表示在科研活动过程中重视学生道德品质的培养。可见，在科研活动过程中，除需要提升学生科研能力外，还应注重对学生综合能力和思想道德素质的提升。

表 5.21 科研活动重点培养学生哪些方面

X\Y	A. 政治立场	B. 道德品行	C. 学术水平	D. 人格魅力	E. 其他	小计
A. 教授	69（58.47%）	94（79.66%）	91（77.12%）	54（45.76%）	3（2.54%）	118
B. 副教授	73（59.35%）	96（78.05%）	104（84.55%）	61（49.59%）	2（1.63%）	123
C. 讲师	147（55.68%）	202（76.52%）	187（70.83%）	129（48.86%）	1（0.38%）	264
D. 特殊引进人才	6（66.67%）	7（77.78%）	7（77.78%）	6（66.67%）	0（0.00%）	9

7. 科研育人的实现目标

高校科研育人的目标也是科研育人的重要介体，包含了科研活动中的具体实施内容的实现情况，直接影响到科研育人的效果。通过图 5.22 的统计数据可以看出 95%以上的学生都认为科研育人应该实现以下目标：帮助学生树立科学报国、服务人类的理想信念；帮助学生树立勇攀高峰、敢为人先的创新精神；帮助学生掌握科学严谨的科研方法；培养学生求真务实的学术诚信态度；培养学生立德为本的科学道德精神等方面。科研目标的实现可以培养学生科研方法、学术诚信态度以及科学道德精神等良好的思想道德品质。

表 5.22　科研育人的实现目标

X\Y	A. 帮助学生树立科学报国、服务人类的理想信念	B. 帮助学生树立勇于创新、敢为人先的科研目标	C. 帮助学生掌握科学严谨的科研方法	D. 培养学生求真务实的学术诚信态度	E. 培养学生立德为本的科学道德精神	F. 其他	小计
A. 本科生	579（58.90%）	659（67.04%）	608（61.85%）	613（62.36%）	398（40.49%）	46（4.68%）	983
B. 硕士研究生	390（37.32%）	414（39.62%）	637（60.96%）	582（55.69%）	486（46.51%）	38（3.64%）	1045
C. 博士研究生	84（41.79%）	102（50.75%）	111（55.22%）	118（58.71%）	85（42.29%）	6（2.99%）	201

8. 学生认为影响科研育人效果的因素

通过调查反映出（图 5.23），对本科生科研育人效果影响因素依次是教师的态度与作用（68.77%）、科研团队的熏陶（66.53%）、学校的政策和环境（62.36%）、学生的主观能动性（56.46%）等方面，而对于硕士研究生和博士研究生，科研育人效果影响因素依次是科研团队的熏陶（64.21%、59.7%）、学校的政策和环境（47.37%、50.25%）、教师的态度与作用（41.24%、47.26%）、学生的主观能动性（31.39%、39.3%）等方面。由此可见，教师在科研活动中除了注重个体的态度和作用外，还应积极构建和谐融洽的科研团队氛围，在学校政策和环境中激发学生的主观能动性。

表 5.23　学生认为影响科研育人效果的因素

X\Y	A. 学校的政策与环境	B. 教师的态度与作用	C. 科研团队的熏陶	D. 学生的主观能动性	E. 其他	小计
A. 本科生	613（62.36%）	676（68.77%）	654（66.53%）	555（56.46%）	55（5.60%）	983
B. 硕士研究生	495（47.37%）	431（41.24%）	671（64.21%）	328（31.39%）	84（8.04%）	1045
C. 博士研究生	101（50.25%）	95（47.26%）	120（59.70%）	79（39.30%）	13（6.47%）	201

9. 学生在科研育人过程中应该怎么做

科研育人过程中客体的行为方式关系到学生主动性、能动性和创造性的有效发挥。调查反映出（图 5.24）62.36%的本科生、41.15%的硕士研究生、45.77%的博士研究生认为在科研育人过程中应该加强师生互动；74.77%的本科生、70.14%的硕士研究生、72.64%的博士研究生认为应该增强科研团队的群体互动；65.01%的本科生、63.35%的硕士研究生、61.69%的博士研究生认为在科研活动中应该加强自我教育和自我学习。在科研活动过程中通过与科研育人主体的良性双向互动，可以激发学生的科研信心，同时也可以促进学生的全面发展。

表 5.24 学生在科研过程中应该怎么做

X\Y	A. 加强科研过程中的师生互动	B. 增加科研团队中的群体互动	C. 在科研活动加强自我教育和自我学习	D. 任劳任怨无私奉献	小计
A. 本科生	613（62.36%）	735（74.77%）	639（65.01%）	391（39.78%）	983
B. 硕士研究生	430（41.15%）	733（70.14%）	662（63.35%）	251（24.02%）	1045
C. 博士研究生	92（45.77%）	146（72.64%）	124（61.69%）	51（25.37%）	201

10. 教师对于学生学术不端的态度

学术诚信是搞科学研究的最基本的要求，可以遏制学术不端的不良风气，规范科学研究行为，营造良好的学风与学术生态，保障学术研究健康发展。调查发现（图 5. 25），科研活动中教师对于学生学术不端的行为，本科生教师的 60%、硕士研究生导师的 65. 12%、博士研究生导师的 62. 07%是不能容忍的，轻则书面警告，重则取消学位或其他证书，充分说明高校大部分教师十分重视对自己的学生进行学术诚信道德的教育。但也有极少数教师对于学生学术不端的行为采取纵容袒护态度，这对社会和学生个人发展百害无益。应倡导把学术道德和科学伦理作为学生走进课堂的第一课，学术诚信要从学生抓起，对一切学术不端的行为零容忍，如有发生，严格查处。

表 5.25 教师对于学生学术不端行为态度

X\Y	A. 不容忍	B. 容忍	C. 纵容	D. 袒护	小计
A. 本科生	378（60%）	195（30.95%）	47（7.46%）	10（1.59%）	630
B. 硕士研究生	646（65.12%）	206（20.77%）	114（11.49%）	26（2.62%）	992
C. 博士研究生	108（62.07%）	37（21.26%）	23（13.22%）	6（3.45%）	174

11. 教师对于高校科研育人的建议

关于“教师对于高校科研育人的建议”（图 5.26），问卷设计了 8 个选项，其中“优化科研管理制度，完善科研评价标准，改进学术评价方法，制定激励措施，将教师的科研育人效果纳入考核范围，鼓励教师参与科研育人活动”比例最高。其次是加强对师生科研活动选题设计、团队组建、科研立项、项目研究、成果运用的思想价值引领，教育引导与突出问题治理并举，构建教育、预防、惩治于一体的学术诚信体系和统筹校内外各方科研育人资源，加强与课程育人、文化育人、实践育人、心理育人等“十大育人体系”的协同育人，形成育人合力。高校可以在提升师生科研能力的过程中融入科研精神与科研道德的培养，从体制机制方面进一步完善和改革，全方位激发师生从事科学研究的创造力。

表 5.26 教师对于高校科研育人的建议

X\Y	A.加强党委对科研育人工作的领导	B.统筹整合校内外各方科研育人资源，加强与课程育人、文化育人、实践育人、心理育人等“十大育人体系”的协同，形成育人合力	C.优化科研育人管理制度，完善科研评价标准，改进学术评价方法，制定激励措施，将教师的科研育人效果纳入考核范围，鼓励教师参与科研育人活动	D.加强对师生科研活动选题设计、团队组建、科研立项、项目研究、成果运用的思想价值引领，教育引导与突出问题治理并举，构建教育、预防、监督、惩治于一体学术诚信体系	E.组织编写相关学习读本，开放必要的科研育人课程	F.加强科研育人活动开发，推进实施各类科研育人活动和科教协同育人、产学研合作协同项目，引导学生积极参与科研实践	H.培树榜样典型，倡导社会广泛关注、宣传和支持	G.其他	小计
A.教授	53(44.92%)	88(74.58%)	94(79.66%)	71(60.17%)	38(32.20%)	52(44.07%)	34(28.81%)	1(0.85%)	118
B.副教授	42(34.15%)	98(79.67%)	95(77.24%)	87(70.73%)	52(42.28%)	58(47.15%)	41(33.33%)	1(0.81%)	123
C.讲师	88(33.33%)	191(72.35%)	188(71.21%)	171(64.77%)	99(37.5%)	147(55.68%)	81(30.68%)	1(0.38%)	264
D.特殊引进人才	4(44.44%)	4(44.44%)	8(88.89%)	6(66.67%)	7(77.78%)	5(55.56%)	5(55.56%)	0(0.00%)	9

12. 学生对于高校科研育人的建议

关于“学生对于高校科研育人的建议”（图 5.27），调查问卷设计了 7 个选项，其中学生建议最多的均为“增强学生个人与科研团队的互动”，分别占 61.95%、51.58% 和 54.23%。由此可见，个体与团队间的互动关系对育人效果和能力提升有正向影响，并通过内部动机、心理认可和自我效能最终影响团队成员的个体创新能力。而本科生和博士研究生对“增强教师与学生在科研过程中的互动”的重视反映了“以学生为中心，以教师为主导”的教育理念下，针对学生的教育应更多采取交互式、沉浸式创意互动。比较下，硕士研究生比较重视“发挥学生的主观能动性”。

表 5.27 学生对于高校科研育人的建议

X\Y	A. 学校加强组织和领导	B. 增强教师与学生在科研过程中的互动	C. 增强学生个人与科研团队的互动	D. 发挥学生的主观能动作用	E. 优化科研育人政策环境	F. 积极营造学生参与科研的良好环境	G. 其他	小计
A. 本科生	446（45.37%）	596（60.63%）	609（61.95%）	530（53.92%）	510（51.88%）	436（44.35%）	40（4.07%）	983
B. 硕士研究生	371（35.50%）	359（34.35%）	539（51.58%）	479（45.84%）	210（20.10%）	472（45.17%）	45（4.31%）	1045
C. 博士研究生	75（37.31%）	93（46.27%）	109（54.23%）	90（44.78%）	58（28.86%）	68（33.83%）	6（2.99%）	201

5.2.4 高校师生协同育人状况调查

1. 学生对科教融合协同育人的态度

图 5.28 反映出学生认为科教融合协同育人方面存在的不足，其中排名前四项的是教学理念陈旧占 48.15%以上，科研与教学没有形成协同效应占 42.46%以上，科研交流与实践较少占 38.58%以上，教学模式单一占 35.12%以上。由此可见，科教融合虽然早已经形成共识，但是教学理念、教学模式单一的问题仍然比较突出，直接导致了教学与科研没有形成协同效应，影响到了人才培养质量。此外，学生认为科研交流与实践较少，说明课堂教学占据了绝对的育人渠道，适当增加实践渠道刻不容缓。

表 5.28 学生认为科教融合协同育人方面存在的不足

X\Y	A. 教学模式单一	B. 教学理念陈旧	C. 教学主体依旧是老师	D. 教学过程中重理论轻实践	E. 科研与教学没有形成协同效应	F. 科研交流与实践较少	G. 其他	小计
A. 本科生	428（43.52%）	473（48.15%）	278（28.24%）	299（30.42%）	458（46.60%）	448（45.58%）	100（10.20%）	983
B. 硕士研究生	419（40.06%）	526（50.32%）	213（20.37%）	288（27.56%）	444（42.46%）	448（42.87%）	93（8.92%）	1045
C. 博士研究生	76（35.12%）	107（53.15%）	33（16.23%）	43（21.23%）	97（48.46%）	78（38.58%）	13（6.52%）	201

2. 教师对科教融合协同育人的建议

图5.29反映出教师认为科教融合协同育人需要改进的地方，主要集中于科研与教学的协同性（52.14%以上）、协同育人运行机制（40.65%以上）、大数据协同育人信息平台（36.27%以上）。由此可见，科教融合最主要在于促进科研与教学的协同性问题，协同育人运行机制和大数据协同育人信息平台作为保障措施比较重要，需要进一步完善。

表5.29　教师指出科教融合协同育人需要改进的地方

X\Y	A. 科研与教学的协同性	B. 校内科研活动形式	C. 协同育人运行机制	D. 协同育人方式方法	E. 大数据协同育人信息平台	F. 学校的支持力度	G. 其他	小计
A. 教学型	97（55.35%）	6（3.69%）	71（40.65%）	40（22.65%）	69（39.48%）	14（8.24%）	7（4.23%）	175
B. 研究型	95（52.14%）	27（14.76%）	83（45.23%）	57（30.88%）	59（38.34%）	28（15.27%）	3（1.42%）	183
C. 教学科研型	84（54.03%）	19（11.98%）	66（42.36%）	43（26.75%）	57（36.27%）	20（12.45%）	4（2.32%）	156

3. 学生对产学研协同育人的态度

图5.30反映出学生认为产学研协同育人存在的问题，主要集中于产学研合作层次不高（45.48%以上）、到企业中对科研帮助不大（38.08%以上）、产学研协同育人效果不好（32.13%）。由此可见，大部分学校均开展了产学研协同育人，但是产学研合作层次不高、产学研对学生的科研及育人没有起到应有的效果。

表5.30　学生认为产学研协同育人存在的问题

X\Y	A. 学生实习实践机会少，实习效果差	B. 人才供需结构性失衡	C. 产学研合作层次不高	D. 各主体协同意识不足	E. 产学研协同育人效果不好	F. 到企业中对科研帮助不大	G. 其他	小计
A. 本科生	231（23.52%）	279（28.36%）	475（48.36%）	202（20.53%）	316（32.13%）	399（40.55%）	45（4.54%）	983
B. 硕士研究生	189（18.11%）	216（20.68%）	482（46.17%）	160（15.33%）	367（35.11%）	398（38.08%）	24（2.36%）	1045
C. 博士研究生	21（10.21%）	21（10.39%）	91（45.48%）	25（12.65%）	75（37.30%）	85（42.31%）	2（1.21%）	201

4. 教师对产学研协同育人的建议

图5.31反映出教师认为产学研协同育人需要改进的措施，主要集中于借助新技术共

创协同创新平台（42.63%以上）、加强多主体协同育人意识（38.73%以上）、实行双导师制度（32.46%以上）、丰富产学研协同育人资源（30.17%以上）。由此可见，产学研协同育人平台存在一些亟待解决的问题，特别是产学研协同育人没有适应形势的需要，显示创新模式不足，多方主体为了各自利益育人意识不强的问题。此外，人员以及育人资源也存在一些不足。

表 5.31 教师认为产学研协同育人需要改进的措施

X\Y	A. 健全产学研协同育人运行机制	B. 丰富产学研协同育人资源	C. 借助新技术共创协同新平台	D. 企业派专业人员入驻高校（共同制定人才培养方案，共同确定人才培养目标、协助教学，相互监督）	E. 实行双导师制度	F. 加强多主体协同育人意识	G. 加大政府政策支持力度	小计
A. 教学型	35（20.21%）	53（30.17%）	86（48.87%）	51（29.32%）	66（37.56%）	72（40.98%）	23（13.23%）	175
B. 研究型	65（35.48%）	75（40.73%）	78（42.63%）	34（18.34%）	84（45.73%）	83（45.21%）	42（23.12%）	183
C. 教学科研型	45（29.11%）	61（39.12%）	78（50.21%）	33（21.31%）	51（32.46%）	60（38.73%）	30（19.34%）	156

5.3 我国高校科研育人存在的问题及原因分析

5.3.1 我国部分高校科研育人存在的问题

在新时代、新形势下，科研育人建设已经逐渐成为高校内涵建设的重要抓手。教师以科研为纽带，采用科学的导向思维、逻辑思维、辩证思维等方法，更多地引导学生参与到自主探究未知领域的科研活动中，培育学生胸怀祖国、服务人民的爱国精神，勇攀高峰、敢为人先的创新精神，追求真理、严谨治学的求实精神，淡泊名利、潜心研究的奉献精神，集智攻关、团结协作的协同精神，甘为人梯、奖掖后学的育人精神已成为共识。但总体情况还不容乐观，存在意识维度轻漫淡漠，价值取向存在功利主义，育人方式传统单一，育人环境尚未形成，育人系统协同性不强等问题。

1. 育人意识缺乏

部分高校科研育人主客体在意识维度上存在轻漫淡漠现象。

（1）部分高校对科研育人的重视容易停留在表面，存在形式重视、实际轻漫的问题。调查数据显示，一方面，部分高校科研育人意识不强。高校科研育人的推进与发展只停留在会议上，通过层层会议去落实科研育人。虽然做到了上传下达，但是实际上没有做到上传下做。高校科研育人在实际工作中缺乏相关的配套政策和强有力的措施去落地执行，各部门之间缺乏沟通，高校科研育人的“最后一公里”没有打通。另一方面，科研育人的体制机制不健全。部分高校未建立起高校科研育人的体制机制或者体制机制不健全，甚至部分高校至今还没有制定有关于科研育人的文件。通过调查访谈还发现，有些高校关于科研育人的考核评价体系并未形成，科研考核主要针对教师的科研任务，没有将科研育人纳入教师考核体系。

（2）部分高校教师的科研育人意识不强、育人观念不清。一方面，部分教师对科研育人的重要性认识不足。教师是高校教学的主干力量，也是践行科研育人的一线人员，但是有些教师对科研育人并未给予足够的重视，缺少育人活动安排。部分教师并不认同科研育人的职责主体地位，甚至认为思想政治教育、道德教育等，应当属于思政课教师，自己作为专业教师，本身的职责是传授科研知识与技能，并不承担思政层面、道德层面的的教育职责。况且，在同一学期内，课时总数一定的情况下，进行相关思想政治教育、德育，必然影响或者占用专业课时间，从而影响本职教育。这明显与2016年习近平总书记在全国高校思想政治工作会议上提出的“使各类课程与思想政治理论课同向同行”的重要讲话精神不相符合。另一方面，教师科研育人意识淡薄。部分教师认为只要把教学工作完成即可，没必要开展科研育人工作；部分教师不理解高校科研育人的内涵，认为培养学生至诚报国的爱国情操、诚实守信的个人品德、克难攻坚的科研精神过于空洞，没有教育价值。甚至教师个人对于科研育人实践意义的认识尚不清楚，存在教师自己重视科研而轻育人，或者让学生参与其科研项目的机会较少。问卷调查数据显示，仅有15.9%的教师指导学生参与过其主持的科研项目，而且学生参与科研项目的程度较浅。

（3）忽视主体教育间的关系。高校科研育人的核心关系在于作为科研育人主体的教育者、被教育者，科研育人的过程很大程度上是这两种主体的统一。而在实践中却存在着将这两种主体割裂开来，仍将学生视为教育客体情况 ，这就导致了主体教育间的矛盾。教师与学生之间的从属关系仍然没有被打破。传统教育模式是以教师为主体，学生为客体的惯性思维，没有给予学生足够的教育主体地位，容易弱化、挫伤学生参与科研的积极性。随着教育制度的全面深化改革，高校学生有着强烈的自我认同和主体意识，教师一味地

“我说你听”，容易让学生产生反感情绪，造成教师与学生之间的紧张关系，最终不利于科研育人的成效。

2. 育人价值认识偏差

近年来高校逐渐建立起以科研为导向的学术评价体系，对于优化教师学术生态环境，提升科研育人水平起到了重要作用。但是注重论文、项目、奖项、称号等量化之上的导向仍具有难以消弭的名利制度惯性，科研评价体系中较少反映出育人指标，人才培养的育人评价和科学研究的科研评价间关联程度较弱。在科研育人过程中，功利主义也存在生长的土壤。

（1）部分学校层面追求教育政绩逐渐弱化其育人成效。推进科研育人是高校教育改革的重要内容，科研育人成效直接关系教育政绩。在此利益驱动下，有些高校为了在短时期内寻求突破，收到立竿见影的成效，往往将科研育人行政化或者纸面化，变科研育人为宣传育人。具体而言就是，“把科研育人活动过于强调风过留痕，通过大量的材料撰写、照片拍摄等，将科研育人的过程形式化、宣传化，以此作为科研育人成效考量的标准”。①

（2）部分教师层面追求科研效能逐渐弱化其育人功能。基于社会经济的快速发展及自身职业发展的需求，教师从事教学及科研工作具有两大动机：一方面，教师可以通过科研创新取得科研成果，进而产生一定的经济效益；另一方面，教师从事科研活动，能够在聘岗、职称评定上产生帮助，这也是教师开展科研活动的内在驱动。调查数据显示，超过50%的讲师、副教授、教授、特殊引进人才是为了“完成规定的科研工作量，通过考核，获评职称的需要”而参与科研（见图 5.5）。由于科研在高校考核和职称评定中占有支配地位，不少教师从事科研的动机在于解决个人的考核和晋升问题，从而导致优质教学资源荒废，线下教学质量下滑，教学育人价值被低估，教学与科研两个环节没发挥出应有的协调作用，从而不利于教学和科研形成优势互补、教育合力。这既不符合科研发展的规律，又不利于提高教师的教学水平和学校的人才培养质量。

（3）部分学生对科研育人的价值存在不认同的现象。调查数据显示，仍有部分本科生、硕士研究生、博士研究生没有参与科研项目研究（图 5.8），仅有 21%的学生承担了部分研究任务、管理仪器设备和参与论文撰写的工作，而主持过创业项目、科技竞赛以及第二课堂科研活动等一般科研活动的学生更少，仅仅占 17.3%。总体来看，学生参与科研的热情不够强烈，积极性不高，甚至很多学生为完成任务而被动参与。由于对就业能力认知的偏差，学生不愿意花更多的时间在学术探索领域，而更愿倾向于实用技能的训练。

①刘玉荣，张进，韩涛，李璐，王锦标，张铁军. 基于协同创新、科教融合理念培养创新型人才[J]. 高教学刊，2018（06）：35-37.

3. 育人方式传统单一

在调查访谈中，部分高校科研育人呈现出育人形式传统，囿于知识传授育人，且育人形式单一，囿于被动式育人。

（1）知识传授方式、学习方式依然传统。一方面，高校科研育人仍旧过度强调课堂教学的知识传授或灌输，且课程教学方法单一。人才培养方案未体现对科研素养的培育，课堂教学脱离了科研活动，导致学生实践动手能力较差，创新能力欠缺，批判性思维缺失。高校科研育人不同于专业知识教育、延伸教育，专业知识教育、延伸教育具有一定的观赏性，容易在课堂中引起共鸣，而高校科研育人具有一定的专业性，传统的课堂教学、育人方式难以彰显吸引力。因此，高校科研育人仅仅依托传统课堂教学是行不通的。另一方面，高校科研育人的知识内容仍旧过度依赖于书面化纸质教材。在科研育人的知识内容上，部分高校依旧过度强调纸质教材作为学习的载体，没有建立起线上线下相结合的学习体系，限制了科研育人的全方位开展，学习效果大打折扣，与如今的知识爆炸时代、与大学生的内在学习需求严重不相符。

（2）互动育人僵化不足。科研育人是一项有序的动态活动，具有多主体特征，且存在“自育”与“他育”两种形式，因此，科研育人的互动性十分重要，这种互动的实际效果直接关系到科研育人的成效。但是，在高校科研育人实践中，互动育人僵化不足，甚至障碍重重。一方面，实质性互动缺失，匹配性不强。科研育人在部分院校的实践中，更多地突出教室空间内的政治理论学习，把这种学习过程依然安排在教室空间，成为一种实际上的互动分离。科研育人应当同大学生的专业教育、校园生活、课外实践甚至日常生活等进行必要的互动，形成较为适宜的匹配性。但是在现实中缺乏实现全方位的匹配协同，高校科研育人协同实施没有真正开展。另一方面，科研育人的互动形式缺乏创新性，较为僵化。调查数据表明，绝大多数老师在科研活动过程中主要是通过以身作则、言传身教；科研团队氛围影响；口头教育的方式与学生之间互动（见图 5. 14）。科研活动部分从线下课程中被剥离，直接导致知识创新和人才培养的联结模糊不清，教育形式僵化。根据样本高校的调研数据显示，71. 3%的教师认为课堂授课时没有很好地融入科研理论成果，72. 9%的教师认为科研育人理念没有充分融入课堂教学全过程。教育形式僵化体现在两个方面：一是教育形式僵化，除了课堂教育之外，几乎没有其他发展性互动形式。即便在较为传统的课堂教学环节，课堂内容上显得枯燥乏味，学生的兴趣没有被有效调动，使得学生的课堂抬头率长期处于较低的水平。二是学生与教师之间存在的客观地位差异，也使得科研育人中的互动性弱化。地位差异是先天性的，这主要基于先天观念的影响。在传统教学观念中，教师是教育的主体，而学生只是被教育的对象，而不能算作教育主体。在此思想的影响下，教师相对于学生，地位优越，对于教师的教学活动及教学内容，学生必须无条件跟随。现代的开放教育突显学生的主体地位，决定着互动性差与当前的育人要求不相符。此外，科研育人过程中，受传统教学观念的影响，学生的主体性尚未被完全认同，也会给互动产生实际障碍。

（3）采取统一化的单一模式

许多高校科研育人过程采取统一化的单一模式，即表现出共性化育人的特征。所谓共性化育人是高校为了强调科研育人工作的开展，统一教学与科研模式，统一课程与科研标准，统一制定教学与科研目标等。共性化育人的做法有利有弊。一方面，高校在科研育人的行动上整齐划一，有利于快速开展育人工作，在短时间内看到成效。共性化育人便于高校开展科研育人的考核和评价，便于统一奖惩标准，在形式上具有公平性，也较为容易得到教师群体的认可。另一方面，共性化育人限制了学生的个性发展，容易流于形式。在社会主义市场经济环境下成长起来的新一代大学生群体，他们的学习能力强、兴趣爱好广泛，且个性彰显差异化。在高校科研育人过程采取共性化育人的实践要求，会导致部分学生难以适应和跟进，反倒不利于学生思想成长与提升。此外，共性化的科研育人过程，对于个体差异性强的大学生而言，表面上看似服从指挥、听从安排，但是内心深处存在着抗拒心理。高校在科研育人过程采取共性化育人模式与学生个性化存在矛盾冲突，影响科研育人的效果。

4. 育人环境尚未形成

高校科研育人需要良好的环境作为保障，通过育人环境潜移默化地影响学生的思想道德素质和人格修养，来达到育人的目的。高校科研育人环境主要指高校有关科研育人的政策、校园文化、科研辅助服务、整体创新氛围等因素的内在构成情况。

（1）育人政策欠优。高校科研育人政策是育人环境的直接体现。调查数据显示，26.12%的教授、31.17%的副教授、41.43%的讲师、29.48%的特殊引进人才认为目前学校科研政策一般，甚至还有少部分教师对于目前学校科研政策不太满意，认为学校科研育人环境处于欠优状态（见图5.11）。部分教师认为所在单位科研创新激励的效果不佳，说明部分高校科研育人政策比较模糊，科技经费投入和配置到人的针对性不强，没有明确的资金支持政策、职务晋升政策、奖惩政策等。甚至部分高校未制定科研育人政策，导致科研育人工作面临无制度可依的尴尬局面。

（2）科研文化环境供给不足。首先，校园科研文化不浓厚。部分高校科研文化供给不足，整体创新文化氛围不够理想，亟需树立浓厚的校园科研文化。其次，尊重科学、尊重人才的良好风尚未形成。科研中论资排辈的现象普遍存在，青年人才的作用很难发挥。学术环境有待净化，学术不端行为时有发生，科研诚信、学术道德没有得到广泛弘扬，缺少榜样人物的典范示范。

（3）科研辅助服务不到位。调查数据显示，部分高校存在科研基础设施条件简陋、配套设施不齐全、科研资源不丰富等科研贫瘠现象；部分高校存在科研项目合作和专业化分工程度不高，导致科研育人不理想的现象；部分高校把完成科研任务分包于个人，缺乏对师生的人文关怀与帮扶；部分高校组织师生参加高层次和国际化学术交流的机会较少，部分师生认为个人科研发展空间不够。

5. 育人系统协同性不强

高校科研育人的质效不能仅仅依靠一方力量单兵作战，而应当基于特定的时机，与外部主体进行必要的合作、协调及沟通，从而形成教育合力。高校科研育人在运行过程中，缺乏有效合力来协同育人，具体表现在以下三个方面。

（1）协同育人平台运行效果较差。一方面，科教融合教学平台仍处于低位运行。科教融合仍然以课堂教学为主，实践形式较少，导致科教融合协同育人未起到实效，而且科研与教学处于分离状态，科研仍然游离于人才培养之外；科研内容与教学内容关系不大，而且教学很少涉及到科研因素。科研对教学的引领与支撑虽然已经取得共识，但实际上并未真正推动教学发展；学生科研需求水平逐渐走高，而学习方式水平较低。另一方面，产学研合作层次不高。产学研协同育人存在形式主义，实质性合作少，仅存在于学生到企业实训实习、技术转让等层面，对科研帮助不大，育人更是成了空洞的口号。产学研合作的深度不够，许多企业到大学寻求合作，仅对一些短平快项目有兴趣，对一些投资周期长的项目很少关心。此外，企业与高校之间缺少链条式的联系，无法直接实现科技创新成果到生产力的转化。

（2）部分高校内部部门之间缺乏必要的合作。近年来，跨学科研究是高校科研育人的重要途径，已成为一种共识。但在现实中，由于高校内部部门之间没有建立起合作的长效机制，导致一些跨学科研究项目育人效果不佳。一方面，高校中仍存在科研和育人相分离的情况，认为这两者之间分属不同模块，应当各自为战。在考核与评价中，对两者也是分别进行。教学管理部门、科研管理部门等职能部门对育人缺乏必要的合作。另一方面，高校内部学院之间没有就科研育人项目开展精诚合作。虽然一些高校内部学院之间就某一个科研项目开展了跨学科合作，但往往忽略了育人的存在或没有就育人进行实质性合作，育人仍然分属于不同学院自己的事情，造成了科研育人资源上的浪费。

（3）部分高校缺乏必要的外部协同。一方面，高校缺少政府相关部门的支持。当前，政府对于科研育人的支持多半停留在制度及政策的制定方面，而在相关的技术合作、科研资金的运用等方面，主要来自于教育部门，而教育部门并未设立专门的科研育人专项资金等具体支持项目。因此，实际上高校科研育人仍然处在高校单兵作战的阶段。另一方面，高校与政府外的合作也尚未有效建立。一是高校之间的科研育人合作。实践中专门针对科研育人的校校联合并不多，这主要受高校之间发展思路差异、学科侧重点不同等方面的制约。二是高校与社会机构之间的科研育人合作。这种情况在实践中较为多见，例如校企合作等。但是，这种合作是浅表化的，并未真正建立与科研机构的长效合作机制，也没能为学生提供科研项目的参与、合作机会。

5.3.2 我国高校科研育人存在问题的原因分析

部分高校科研育人存在的一系列问题具有十分复杂的原因，究其原因有利于认清其本质，为解决问题提供思路。

1. 育人理念滞后

部分高校科研育人理念滞后导致意识存在轻漫淡漠。高校科研育人理念滞后于经济社会发展，与文化的前进方向不相适应，新旧理念存在一定的矛盾冲突。

（1）部分高校科研育人主体理念陈旧僵化。科研育人的过程中理念没有做到与时俱进，往往以固有的经验、传统的思路去解决科研育人新难题，导致高校科研育人效果差强人意。用传统的科研育人方式来践行新时代高校科研育人要求，是典型的“新瓶装旧酒”现象。在科研活动中对学生参与度要求不够，甚至出现只要求学生在旁观赏等行为，这在很大程度上造成了科研育人与实际育人之间的冲突，存在理念与行为脱节的矛盾。

（2）部分高校科研育人主体大局意识不强，大局观念淡薄。部分教师在科研育人过程中存在两种极端。一是学生鲜有机会参与教师科研项目，学生停留于了解层面，科研育人未能真正落实。二是教师过度地给学生增加太大科研压力，甚至完全让学生代替自己完成科研任务，只注重科研结果，一味把科研结果作为评定学生好坏的标准，往往不管育人的事情，缺少人文关怀，给学生形成冷漠印象。

（3）部分高校科研育人主体国际思维尚未建立。目前，高校科研育人更多立足于国内实际甚至地方实际，面向世界借鉴发达国家的高校科研育人经验的意识还没有完全形成。高校科研育人理念若不从全球化视野来系统谋划，那么在科研育人的过程中，学生会对教师以及高校产生抵触情绪，会暴露出更多的矛盾冲突。因此，高校科研育人建立国际思维刻不容缓。

（4）部分高校科研育人方法缺乏立体性。当前高校科研育人的实践中，采取的主要方法依然聚焦在课堂教学中，较为普遍的是将专业课的课堂教学内容赋予思想道德教育的内容，看似融会贯通，实则不伦不类。科研育人是高校育人体系的一种新探索，教育理念及教育方式要适应互联网时代，创新育人方法。采取线上线下结合、他育自育相结合等方法，淘汰落后的方式方法，破解科研育人的方法困囿。

2. 育人内容空泛

近年来，随着全球市场化的不断推进、互联网+的快速发展，科研育人理念和实践不断向前发展，政治引领、科技创新、思想教育、价值培育等育人功能不断完善。但是也使得科研育人的主体、内容、功能和价值的多样化，极易产生科学技术和价值诉求间的张力失衡，带来诸多权利保障和利益冲突。无论是育人主体自身意识的弱化，抑或价值取向上功利主义的产生，其根本原因在于科研育人的内容空泛，致使以理想信念、道德法律素养及科学精神为主要内容的科研育人出现了局部的偏差和内容困囿。

（1）利益驱动侵蚀科研育人的内容。当前，受到世界市场经济的影响，社会人逐渐转变成“经济人”，人们的行为活动及价值取向趋向于经济性，传统的思想道德观念受到一定程度的冲击，其中高校科研育人同样避免不了市场经济带来的一些不利影响。作为社会中的“经济人”，人们的行为受到利润最大化的影响，对自身利益的追求越来越多。在利益导向下，利益相关者只有存在预期的利益才会促使人们在内心产生行为冲动，从而实施一系列的行为。无论是高校、教师及学生，作为科研育人的行为主体，都具有自身的利益取向，称为当然的利益相关者。因此，育人主体一旦在潜意识中有显性的利益导向，则这种导向思维便会在育人的内容中展现出来，从而对科研育人的内容产生侵蚀。

（2）多元社会思潮影响部分科研育人的初心使命。高校科研育人蕴涵着艰苦奋斗、开拓创新的内在精神，要将个人理想统一于社会及国家理想，树立起家国情怀。但由于部分高校科研育人未能有效整合育人内容，育人内容空泛，导致多元社会思潮影响科研育人初心使命。一方面，由于新自由主义、历史虚无主义、普世价值论等多元社会思潮复杂多变、隐秘性强，大学生缺乏辨别力，容易受到诱导和误导，对其价值观、理想信念造成一定的冲击，使得部分大学生的理想信念向着功利化转变，更重视个人利益。多元社会思潮在高校科研育人领域的侵袭，容易造成学生学术思想上的取巧投机、不劳而获、关注效益重于关注成长。

（3）多元价值观干扰科研育人的价值取向。随着我国社会转型和经济的快速发展，异质文化的交流与融合，一些不良风气正在逐渐向科学界和学术殿堂蔓延。教育中呈现价值多元化，其背后潜藏着迷惑、蛊惑危机。功利主义、拜金主义等不良思想开始冲击部分高校教师的价值观，对教师的科研动机产生了不良影响，科技创新和科研育人被边缘化，效益科研、职称科研大行其道，以致于教师在科研过程中对学生进行思想道德教育的主动性不够，精力投入不足。高校科研育人过程中不同价值观出现碰撞，会使得高校师生的价值取向面临选择困难。多元价值观在高校科研育人领域的干扰，使得部分大学生在短时间内无法取得科研预期结果时会动摇其科研的初心使命，甚至影响其价值取向，这给科研育人的发展带来一定的思想障碍。

3. 育人合力尚未形成

部分高校科研育人系统协同性不强，甚至缺乏协同性，都是由于协同育人合力尚未形成。育人合力未形成造成科研育人具有多个责任主体之间没有就科研育人的过程建立起必要的合作与交流，没有实现资源的优化配置与力量的有机整合，没有共同促进科研育人的发展。究其原因，一是政府与高校之间的合力不够。西方发达国家，为了强化科研育人的质效与执行力度，大都由政府强势介入，为科研育人提供支撑力。而我国政府部门在高校科研育人中扮演的是指导关系，而并非是合作关系。政府部门通过制定相关的政策，对高校科研育人提供政策化的指导，在一定程度上有利于发挥各高校的主观能动性，但是在教育资源、资金支持等相关的客观问题的解决上，略显乏力。二是高校与社会科研机构的合力不足。当前我国科研机构的设立包括政府设立的研究中心、高校设立的科研机构、企业设立的科研机构。在实践中，高校与科研机构之间的合力未能得到有效突显，对科研育人领域的合作较少，尚未形成优势互补的良性关系。三是高校与高校之间、高校内部部门院系之间的合力不强。高校与高校之间、高校内部部门院系之间未能充分整合资源，未能有效利用资源。这种各自为战的状态，导致了育人资源的严重浪费，同时也制约了科研与教学的创新发展。

4. 育人制度不健全

高校科研育人的体制机制不健全以及组织存在领导弱化，造成运行机制不畅通的现象比较严重。

（1）科研育人的运行机制不完善。科研育人是一个系统化的教育工程，应当具备完善的运行机制，才能使科研育人具备可操作性。当前，科研育人由于存在一定程度的组织困囿，相关机制有所欠缺，具体表现如下：一是教研机制的缺乏。高校科研育人实践涵括教学、研究两个关键部分。当前，部分高校具有较为完整的教学与研究机制，但是存在客观上的机制脱离。“教学与科研不相通，各自为战，各行其道”，[①] 这种情况与科研育人的本质要求背道而驰。有些高校并没能台科研育人的教研机制，没有理顺教学与科研之间的关系，没有具体列明科研育人的实施步骤与计划，科研育人尚处于盲目状态。二是科研育人的评价机制欠缺。项目的有效推动，离不开完善的评价机制。科研育人的评价机制应当包括对科研育人的过程评价、结果评价，以此来推动科研育人的顺利进行。当然，科研育人

①仇立．“双一流”大学建设背景下创新人才培养路径研究［J］．继续教育，2018，32（3）：33-34.

的评价机制也具有一定的监督作用，是运行机制中的重要环节。最后，科研育人的奖惩机制欠缺。奖惩机制包括两个部分，一个是奖励与激励机制，主要为了形成驱动力，树立榜样形象。一个是惩处机制，必要的惩处非常关键，例如针对抄袭科研成果的行为，应视情节的轻重，给予相应的处罚，形成制度上的威慑力，防止其肆意践踏科研育人的红线。

（2）科研育人并没有充分发挥组织的领导作用。高校科研育人是在党的领导下的科研育人，即科研育人要坚持党的领导。在科研育人的诸多问题中，组织领导弱化的现象较为明显，突出表现在以下几个方面：一是科研育人主体的价值取向问题折射出组织领导的弱化。高校科研育人坚持党的领导，应当发挥党组织的领导作用。这就需要高校各级党组织在实施高校科研育人过程中，坚持正确的价值导向，引领科研育人的精神方向。此外，尽管科研育人的科研、教学等环节属于具体的校务，但是校务也应当在组织的领导下进行。因此，高校各级党组织要充分发挥组织协调作用，确保科研育人在行政组织环节、学院合作环节、部门协作环节，充分发挥沟通协调作用，理顺协作关系，为科研育人的顺利推进保驾护航。

5. 育人渠道未打通

高校科研育人除了载体渠道育人欠佳之外，平台渠道育人也未能起到应有的作用。

（1）科研育人的载体与受众之间存在接受障碍。一方面，科研育人的载体可接受性差，“部分高校为了落实科研育人，通过设置课外作业、增加课内学时，甚至增加考试科目等方式推进科研育人”。[①] 此类情况看似增强了科研育人的力度，但是事实上就是增加学生学习负担的行为，对学生与教师都没有内在的吸引力，难以获取支持。另一方面，科研育人的载体过于形式化。有些高校在科研育人的实践中，表面上走在前列，却具有一定的形式化。例如，有些高校通过与外部科研机构进行合作的方式，引导学生参与科研实践。而事实上，学生进入科研项目组以后，只是承担一些卫生保障、物品搬运等事务性工作，且难以被列入科研项目成员名单中，这使得学生的科研认同感大为降低，逐渐产生应付了事的心态，实践活动也流于形式化与表面化。

（2）高校科研育人不仅缺少育人平台，而且平台模式落后，这就会导致实践育人难以实现。首先，育人主体对科研知识及修养有强烈的内在渴望，但缺少施展的平台。一方面，教师主体具有参与科研项目研究的内在驱动力，即便这种内在驱动具有一定的功利化色彩，但这种科研需求确实存在。另一方面，作为自育主体的学生，同样具有参与科研、渴求知识及自身修养提升的内在需求。这是与大学生自身的职业规划及价值追求相匹配

---

①任增元，张丽莎. 现代大学的适应、变革与超越——基于欧美大学史的检视［J］. 教育研究，2017（4）：117-124.

的。大学生的主要动机在于能够实现人生价值与理想，能够达到自己内心的预期。因此，知识与技能的提升对理想的实现具有巨大帮助作用，符合大学生的内心需求，但是现实中高校科研育人的“最后一公里”没有打通，缺少中介、桥梁去连接。其次，协同育人平台模式陈旧过时。一是科教分离，缺乏站在育人的高度进行理念统筹。科教融合理论研究不足，内涵有待挖掘。科教融合并不是单纯地指教师将专业或者学科、行业的新技术、新工艺、新规范作为内容模块引入到课堂，为学生传递最新的科学技术，而是需要从知识建构规律来理解新技术、新知识。科教融合也不是简单地将科研项目、科研成果转化为教学内容，而要将科研过程中发现问题、分析问题、解决问题的这一系列能力进行教育转化，其中中间载体很重要，例如竞赛、组织活动等。此外，科教融合落实难在教改没有遵循学习规律。二是产学研协同育人存在痛点难以疏导。产学研合作的资金不足，产学研数字化水平不高；产学研协同育人体制机制不健全，特别是激励机制缺乏；政府政策支持力度不大，特别是融资支持政策缺乏；师资水平有待提高，“双师型”教师资源不足；高校教师对产业技术、产品、案例、解决方案主动融入课程有畏难情绪。总之，产学研协同育人存在问题的主要原因在于产学研协同育人模式过于形式化，实质性的协同育人未能真正建立。

第六章　高校科研育人的域外经验

19世纪初，德国著名教育改革家威廉·冯·洪堡提出大学兼有教学和科研两项功能，他强调了大学科学研究的重要性，同时，他认为大学的最终目的在于培养有修养的人。19世纪中后期，美国教育学家丹尼尔·吉尔曼提出“教学科研相结合”的育人理念。20世纪60年代后，教学与科研、科研与人才培养的关系问题成为学界热议话题。20世纪末，部分高校把“科研—教学—学习”的联结体又重新引入本科教育。目前国外高校科研育人工作已经取得了较好的进展，并形成了以科研实践为导向的创新人才培育模式，尤其是一些发达国家高校，如美国的麻省理工大学、加州理工学院等都已经把较强的学科、专业科研能力融入到高等教育人才培养工作之中，有效促进了科研育人工作的发展。

6.1　国外高校科研育人的基本特征

许多国家实施了科研发展的相关举措，如德国建立科研中坚机构，从而促进科研素养提升的方式；法国组建科研合作集群，推动“科研+育人”双向发展的模式；英国构建高校卓越框架，驱动科研人才培育的内生动力；美国主要是通过整合多方科研主体，强化人才培育能力建设；日本则是通过政府或者高校联合，设立共同的科研机构，以实现科教融合发展。这些国家的高校科研育人模式，基本是通过顶层设计建立健全科研工作的发展机制，从而达到大学生实践能力的提升与科研精神的培育目的。客观上与我国科研育人具有异曲同工之处，能够对我国科高校研育人的科学发展提供一些经验与启示。

6.1.1　德国：建立科研中坚机构促进科研素养提升

德国拥有世界级的科研中心、世界上最密集的科研机构、高等院校和完整的科研体系，包括著名的四大科学联合会、国家科学与工程院及300多所高等学府，对筑牢其科技大国的地位具有十分重要的意义。

德国科研工作的最主要特点是建立了全国性的科研中坚机构——马克斯·普朗克科学

促进会，简称马普学会。马普学会是一个独立的非盈利性研究机构，以世界著名物理学家马克斯·普朗克（1858-1947）的名字命名。自1948年成立以来，马普学会拥有83家研究机构，约22000名雇员，包括13000名科学家，年经费约18亿欧元。马普学会以杰出的科研人才为核心建立研究所，被视作基础研究领域的“杰出中心”，主要着眼于自然科学、生物科学和人文社会科学三大领域，致力于国际前沿与尖端的基础性研究工作。

马克斯·普朗克科学促进会是全国性的科研机构，负责国内的主要科研活动。马普学会的最高决策机构为科研评议会，组成人员包括比例不得高于10%的政府官员、高校、社会科研机构、科学家协会等组织。马普学会的经费预算主要来自政府税收。马普学会内设部门较多，成立了大约120个研究小组，设立了大量的研究所，其中研究所既是学会的下属部门，也是具体科研负责单位，拥有决策、监督、运行等职能。马普学会重视与高校的合作，将高校人才培养作为学会的发展目标之一，致力于培养德国青年科研人才。马普学会各个研究所的所长及副所长职务由大学教授出任的比例一度达到90%，研究所的研究员中有不少来自高校的青年学生。马普学会与高校之间联合培育科研人才的主要做法体现在以下几个方面。

1. 高校“卓越人才”培养计划

本世纪初，德国启动了建设世界一流高校的“卓越人才”培养计划。该计划的发起并非由政府部门牵头，而是由高校倡议开展。高校“卓越人才”培养计划的主旨在于通过建立世界一流高校的行动，促进高校人才的培养，强化大学生的科研能力与社会品德，从而在21世纪为德国培养大量能力与品质兼顾的卓越人才。高校“卓越人才”培养计划在实施中的主要特点体现三个方面。一是马普学会主动参与到卓越人才培养计划中，并为该计划的实施提供大量的支持，如在科研经费及硕士研究生培养成本方面给予一定的援助。二是马普学会还在下属的研究所中，提供大量的研究员岗位，供高校选拔卓越大学生参与到研究项目中，促进大学生成长。三是卓越人才培养计划中，对于参与单位的选择并非只着眼于好学校，对于科研实力一般的本科院校，乃至职业院校都予以一定的吸纳，因此，“许多高职院校的学生有机会参与到科研项目中去，为他们的成长成才提供了良好的机会，体现了开放包容的发展理念”。①

2. 高校科研工作者的客座计划

客座计划为马普学会和高校之间推出的一项科研工作及科研人才培养计划，主要内容包括以下几个方面。一是由马普学会牵头，各高校自愿参与其中。二是允许高校的科研工作者主动申请研究项目，提请马普学会进行审核。审核通过后，高校科研工作者可以作为

---

①朱崇开．德国基础科学研究的中坚力量——马普学会［J］．域外学会，2010（3）：56-59.

客座研究员。客座研究员作为科研项目的主持人，带领马普学会下属研究所的研究员组成科研组，进行科研立项研究。三是研究成果为高校及马普学会共享。四是客座研究员定期举行相关的交流会及心理沟通节目等，组织科研工作者分享科研经历与人生故事，进行心理疏导，注重正确价值观的引导。客座计划的开展对科研及人才培养起到推动作用的主要原因有四点：一是由高校科研工作者自选研究项目，能够发挥科研工作者的专业优势，在熟悉的科学领域进行研究；二是由马普学会负责所有的科研经费，使得科研人员能够摆脱研究资源上的制约，全力投入科研工作中；三是科研工作者并非只包含高校教师，还包含具有科研能力的学生，对于人才培育是难得的契机；四是具有客座交流的功能。客座计划除了进行科研工作外，还定期举行科研报告会或者交流会，交流科研经验、科研经历及人生感悟，“这在客观上促进了科研工作者的精神素养的提升”。① 高校科研工作者的客座计划具有科研技能培养及正确价值观引导两方面的作用，从实践到精神层面都有所涉及，对于科研育人的质效起到有益影响。

6.1.2 法国：组建科研合作集群推动“科研+育人”双向发展

法国政府及社会各界较为重视大学生的创新能力培养，一直将“科学研究”与“高等教育”作为育人优先发展方向，并将此上升到国家战略。尤其是加入欧盟以后，面对外部较为紧迫的国际竞争环境，以及内部高等院校科研能力较弱、资源相对匮乏的客观状况，法国开始组建科研集群，以此壮大科研力量，在强化法国科技创新的同时，加大科研机构改革，促进科研机构与高等教育合作，取得了突出效果，具有明显的科研与人才培养相结合的特点：

1. 政府设立科研组织，与高校建立科研集群，共育人才

法国国立科研组织——国家科研中心（CRNS）于1939年在巴黎设立，是当时欧洲国家最大的科研中心，二战中曾一度处于停摆状态，直到1966年才重新启动运行。该科研中心施行学部制，下设六个科研分支，涵盖了自然科学及人文社科等专业方向，其成员组成在初期主要来自于社会研究组织、企业及国外科学家。后来，科研中心逐渐同高校展开科研合作和人才培养计划。20世纪80年代，法国国立科研中心同巴黎三所高校建立了联合科研机构，该机构组成人员来自于科研中心的研究者、高校教师、优秀大学生。“该机构首次将科研人员的组成引进高校大学生，开始探索科研+育人双向发展机制”②，在法国

①朱佳妮，朱军文，刘念才. 高校协同创新：德国的经验及对我国的启示［J］. 复旦教育论坛，2013（4）：87-91.

②张金福，王维明. 法国高校与研究机构协同创新机制及其启示［J］. 教育研究，2013（8）：143-148.

历史上具有里程碑的意义。进入 21 世纪，该模式的适用范围逐渐扩大。根据法国科研中心网站资料显示，当前全国 1300 余科研机构中，超过 90%的机构以科研中心与高校合作共建的形式成立及运行。这种合作科研的机构在运作上的基本程序较为相似：一是将整个组合而成的科研机构纳入国家科研政策及发展计划当中，科研目标、计划、人员配备等方面的事由双方共同商定，但科研组成人员必须有大学生参与进来，突显高校人才培养的目标特点。二是科研经费来源主要由国家科研中心负责，多采取对外招标及赞助的方式完成，有时也会得到政府资助；科研设备的来源由双方共同负责。三是科研成果由双方共享，包括使用共享、收益共享等。同时，科研中心作为政府设立的官方科研机构，还具有一定的监督权限，对科研项目的运行进行必要的监督与考核。这种模式具有较为明显的优势：一是大学生加入，强化了育人质效。高校学生加入到国家层面的科研项目，对其科研能力的提升、科研精神的培育、实践能力的增长等，具有极大的推动作用。二是科研资源的整合，有利于科研工作的顺利推行。政府设立的科研中心与高校合作，可以有效地配置资源，可以解决高校在科研中经费不足的问题。三是有利于科研工作与社会政策相协调。由于国家科研中心负责政策的制定，因此在其参与下，可以有效避免科研项目违背政策的情况发生。

2. *高校建立硕士研究生联合学院，强化科研育人的力度*

法国各高校于 21 世纪初开始探索硕士研究生培养的集群发展模式，主要通过设置硕士研究生联合学院等方式，强化硕士研究生的培养。硕士研究生联合学院的成立及培养有以下几个特点。一是在组成上，具有较强的集约特征。硕士研究生联合学院的组成首先由高等院校发起，且发起的高等院校需要具有硕士及博士研究生学位授予资格，要有独立的科研机构及研究室。发起的高等院校可以有选择地吸收社会科研机构的参与；其次，向国家教育机构进行申请，获得批准后能够成立硕士研究生联合学院。三是在运行内容上，硕士研究生联合学院集合各高校优秀科研硕士研究生、高校教师、社会科学家的科研工作机构，承接科研项目。四是在学生培养上，硕士研究生联合学院是一所人才培养学院，对加入的硕士研究生，负教育责任，并负责授予学位。五是在运作管理上，硕士研究生联合学院可以独立承载社会性研究项目，并获得收益，此外还能够得到高校及政府的经费支持，用以购买科研设备等。联合学院的模式有着明显的优势。一是真正意义上地实现了科研与育人相结合。毕竟硕士研究生联合学院不是单纯的科研机构，而是大学分支，具有学生培养及学位授予的职责。二是直接通过科研工作的方式进行育人，使硕士研究生在科研中受教育，在科研中得到成长，突显了实践能力的培养。但是联合学院的模式也存在着弊端：本科及职业院校的学生没有机会进入学习。

3. 建立联合大学，注重推进人文社科研究项目，注重培养学生的社会精神

2006 年，法国国家教育部门出台《大学研究计划方法设定》等相关文件，指导并促进国立与私立大学之间的联合，设立联合大学，建立大学联合人才培养集群。联合大学的设立及运行有几方面的特点。一是联合大学的专业设置来源于各高校的强势学科即各高校将自己具有优势的专业学科拿出来，组建联合大学，联合培养大学生。二是建立联合实验室。联合实验室是科研育人的强有力抓手。相关大学及高等教育机构保持紧密的协作关系，其 3/4 的实验室设立在大学，近 50%人员在大学工作。联合实验室与联合学院的设立有相似之处，都是集中优质的教学及科研资源来培养人才，不同之处在于联合大学是综合性大学之间的联合。三是注重人文科学的研究与人才培养。联合大学的主要特点是将人文社科研究置入同等位置。联合大学的办学宗旨是培养具有社会精神的大学生即科技兴国的理想、科研报国的精神、为人类谋福祉的追求等，与我国科研育人的要求具有很大的相似之处。因此，联合大学的模式在科研育人上具有重要意义。一是强化各优势学科，形成了科研育人的“多方联合”，使得人才培养的软实力与硬实力较为强大，输出强大的育人动能。二是重视人文社科，强化对大学生人文社科的培养。三是办学宗旨为培养大学生的社会精神，突出科研过程的育人目的。联合大学的模式对我国高校科研育人具有重要的借鉴意义。

6. 1. 3 英国：构建高校卓越框架驱动科研人才培养的内生动力

英国作为老牌资本主义工业化国家，具有较为优越的科研基础与环境。为了推动高校科研工作的不断进步，保障科研人才的培育与持续输出，经过长期的社会调研与专家论证，2006 年英国出台大学科研卓越框架（REF），用以支持高校科研工作，激发其人才培育的内在动力。英国大学科研卓越框架主要由“卓越”政府协调、三位一体的科研水平评价、科研经费的卓越支持等方面构成，共同形成高校科研育人的强驱动力。

1. 以“卓越”政府整合国内科研力量，形成育才合力

英国在地缘政治上具有自身的特征，其本土主要由英格兰、苏格兰、威尔士等四个王国组成，是典型的联合王国。因此，各王国在教育、内政等方面具有一定的自主权。为了统一高等教育的发展及支持政策，“英国政府在高等教育领域，实施‘卓越’政府计划，指定主导力量来统筹制定并实施政府政令”。[①] 2008 年，英国政府授权英格兰高等教育委员会，赋予其联合主导权。英格兰高等教育委员会组织北爱尔兰、苏格兰、威尔士高等教育委员会，将四个委员会联合起来，形成统一的高校科研评估委员会，对四个地区内的所

①田锋. 英国科学研究卓越框架研究［J］. 高教发展与评估，2012（6）：44-49.

有高校进行科研评估，被称之为“高校卓越框架”。① 该框架的构建，有利于科研人才的培育。首先，它强化了高校科研工作的支撑力量。原来的制度体系内，各王国具有独自的科研工作主管机构，但受制于地区经济、环境等有限因素的制约。高校卓越框架的建立，使得四地区之间形成了事实上的高等教育资源组合，强化了支撑力量。其次，它强化了高校科研活动的交流。上层建筑的联合构建，使高校科研制度的建立与实施逐渐趋于统一化，在一定程度上增强了高校科研工作交流与沟通的基础。此外，统一的高校科研评估委员会的人员组成来自于各高等院校与各教育委员会，也在无形中为高校间开展科研交流，提供了良好的沟通平台。

2. 以“三位一体”的科研评估，鼓励高校创新育才

REF 构建高效科研评估制度的主要目的有二：一方面，为了集中有限的科研支持基金，对优秀的高校科研机构及科研项目给予定向的资金支持，这就需要对科研水平进行必要的等次区分；另一方面，通过这种较为科学的评估方式，能够在促进高校提升科研水平、打造具有创新性的科研团队及科研人才培养等方面发挥一定的作用。为了确保高校科研评估制度的科学性，鼓励高校在科研人才培育中体现卓越性追求，REF 确立了“三位一体”的评估原则。首先，平等评估原则。REF 在科研评估中所坚持的平等原则主要体现在两个方面：“一个是无论高校本身亦或高校科研机构的级别如何，所提交的科研项目材料都将平等地置于评估程序中，进行评估。”② 另一方面，对于曾经因为科研事故或者科研不端行为受到限制的科研机构或者科研工作者，如若提交新的科研项目或者科研成果等，依旧对其平等接收，予以评估。这一点相对于多数国家而言，是难能可贵的。其次，公平评估原则。公平评估原则主要体现在评估组的适用及评估标准的公平适用。针对不同的科研项目或者成果，根据专业及科研领域的不同，选取对应的评估组，有利于保障评估过程的专业化，保证了结果公平。“评估标准的适用，无论科研项目的层次与级别，相同类别的科研项目必须置于同样的评估标准中，这保障了程序公平。”③ 最后，评估透明性原则。REF 为了提升在社会公众中的公信力，致力于强化科研评估的透明度。一方面，评估组的人员组成，包括政府人员、高校教师、研究机构成员及社会公众代表，“第三方的公众代表作为监督角色加入其中，增强了评估透明度”。④ 另一方面，对于各领域的评估程序以及标准，及时向社会公布，接受社会监督。

---

①王中向. 英国 REF 评估框架研究［J］. 高教探索，2013（4）：39-45.

②李漫红. 英国大学科研评估的改革及其借鉴意义［J］. 东北大学学报（社会科学版），2013（1）：28-33.

③熊榆，宋雄伟. 英国高等教育的宽松培养模式［J］. 学习时报，2013（12）：60-65.

④程文婧. 英国政府对高等教育质量保障的管理分析［J］. 科教导刊，2013（10）：72-76.

3. 以差异化的经费支持，激发高校科研创新动力

REF之所以构建高校科研的卓越框架，设立科学透明的评估制度，除了旨在完善高校科研制度体系，强化科研创新及人才培养能力之外，科研资金的精准投放也是其重要目的之一。REF通过无差别地接收高校提供的科研项目及科研成果等书面材料，并对其进行严格的审核与评价，最终形成层次化的评价结果。“评价结果的依据主要包括：科研活动本身的价值、科研人才的培养及高校科研成果的质量与数量等。”① 评价结果将各高校划分为不同的科研等次，并依据不同的等次，对各高校采取不同额度的科研资金拨付。评价结果直接关系到高校科研经费多寡的做法，有着其十分合理的必要性。首先，有利于增强高校对科研工作的重视程度，有利于优化高校内部科研资源的配置，从而从内部促进科研活动的发展，强化科研质效。其次，有助于高校科研活动的创新发展。REF科研评价的重要内容之一就是科研项目的创新价值。因此，缺乏创新成分的科研项目会影响高校的科研等次划定，高校必须以创新性为科研立项的关键，才能获取高额经费支持。再次，保障科研人才的培育与持续输出是REF成立的目标之一。因此，客观上要求高校科研活动具备两个重要的立足点：一个是保证科研活动的创新性，注重科研成果的社会价值与经济价值的统一；另一个是在科研活动中，重视科研人才的培养，建立科研人才持续发展的长效机制。

6.1.4 美国：整合多方科研主体　强化人才培养能力建设

美国的科研主体具有较强的官方性质，这得益于罗斯福时代的政府宏观政策的转型。美国的科研模式采用以政府为主，多主体参与的科研发展模式以及各主体独立育人的人才培养模式。

1. 官方主导下的科研实体参与高校育人实践

官方主导下的科研实体参与高校育人实践的模式不同于德国、法国等欧洲国家，欧洲国家虽然在科研工作上存在多种主体参与的情况，但是在育人方面，基本上以高等院校为主要依托。此类科研模式有以下一些特征。一是科研机构多具有官方背景。美国大量的科研机构都是政府部门的下属机构，如农业部、能源局等。政府各职能部门普遍设立下属科研机构，如科研所、科研院等。这些科研机构针对社会需求进行科研立项，具有较强的社会需求属性。二是官方下属的科研机构承担一定的育人职责。科研机构在人才培养方面对高校进行必要的援助，如提供科研设备、大学生实践基地、实习岗位等，

---

①刘娅. 英国高等教育系统科研评估制度最新改革及评鉴［J］. 科技进步与对策，2013（15）：41-46.

它们的育人职责建立在政府的服务属性上。此外，科研机构的工作人员需要兼职高校教授，为大学生传授科研知识、科学精神等，帮助大学生提高科学修养。三是科研机构在高校建立科研实验室，帮助高校培养科研人才，此类情况在医学院或一些技术学院较为常见。此类科研模式不仅减轻了高校人才培养的负担，尤其在硬件设施建设上；关键是强化了科研机构同高校之间的合作，使两方都成为人才培养的主体，对于共同培养科研人才大有裨益。

2. 社会事业机构直接承担高校人才培养责任

社会事业机构直接承担高校人才培养责任的情况主要出现在医疗卫生领域，即“以医院为主的事业机构，直接在高校开办学院，直接培养医务人员，形成隶属关系上属于高校，而运作方面属于医院的特殊人才培养模式”。[①] 首先，一些高校并未直接设立医学院，这社会事业机构直接在高校开办学院就给此类人才培养模式提供了空间。如，美国许多高校在设立之初并未设立医学院，而却在后期的发展中出现了医学院，甚至此类医学院名气颇高。其次，此类医学院的设立是基于社会事业机构的支持。如，美国医学卫生研究中心就在国内三所高校直接设立了医学院，并直接负责资金、师资配备、课程建设、科研培养等方面的事务。高校不参与具体的教学及人才培养任务，仅仅在学院的名义归属上划归高校，在实质运作上保持独立状态。最后，学生的学位取得及科研成果的判定权在中心。此类模式有两个方面的典型特征，一方面，看似事业机构与高校之间达成合作，但事实上高校并不承担人才培养的责任；另一方面，事业机构的这种行为具有直接性，能够提升人才培养的效率，对培养实践型人才具有很大优势。此类模式的缺点在于侧重对学生的实践能力进行提升，而忽略社会的道德培育。

3. 科研机构举办科研院校培养硕士研究生综合素能

科研机构举办科研院校培养硕士研究生综合素能的模式同上述第一种模式的不同在于，此类科研机构不与高校合作进行人才培养，而是直接开办科研院校负责培养大学生。且此类科研机构并非为政府下属机构设立，多为私人举办，如洛克菲勒医学研究机构直接开办洛克菲勒大学。此类科研院校培养大学生的过程中呈现出几个方面特点。一是将学生的个人品格教育置于技术培养同等位置，如在医学生的培养方面，洛克菲勒大学将医生的职业道德纳入主干专业课程，旨在培养学生的道德品质与社会责任感，注重对学生综合素质的塑造。二是将理论研究与科研实践相结合。科研机构直接举办科研院校，仍然遵守高校教学的理论课程与实践课程相结合的基本规律。

---

①胡锦绣. 高校科研评价制度的国际比较研究［J］. 科研管理，2015（1）：30-34.

6.1.5 日本：共同利用科研机构实现科教融合发展

日本自明治维新后，便将教育作为立国之本。二战后日本大力发展科技和教育事业，科研与教学在教育机构中占据重要地位。共同利用科研机构是日本各高校平等地共享科研机构中的设备、资料和数据等，以统筹推进全国的科学研究。共同利用科研机构的设立方式主要有两种，一种是政府提供资金、科研设备，并负责进行日常维护。各高校可以享有使用权，可以共同使用场地、设备开展科研工作，但是并不允许高校脱离对学生的教育培养而进行的盈利性科研活动。另一种是由各大高等院校共同出资设立，使用权归参与设立的高等院校共同所有。这两种科研机构，构成了日本高校共同利用科研机构的基础。

1. 促进了科研与教育的融合

共同利用科研机构的设立目的在于科研与教育的融合发展，而单独的科研活动更多是在本校的实验场所进行。“日本在科研育人方面的相关经验主要体现在通过共同利用科研机构的方式，达到科研与教学相统一的科教融合发展模式。”① 共同利用科研机构把高校与科研机构进行有效连接，节省了科研成本，整合了科研资源，实现了科教资源的优化整合及科研资源的最大利用效率。共同利用科研机构作为一个大型的科研实践基地，培养科技创新人才，除了更新办学理念、变革教育方式、进行文化交流与融合之外，更主要的是实现了科教融合协同创新发展。

2. 促进了科研文化及科研精神的交流与传承

共同利用科研机构可以促进各高校之间的密切联系。共同利用科研机构促进高校之间在科研活动上的沟通与交流，为不同院校的科研工作者提供了科学探讨与文化交流的平台，促进了科研文化的发展。共同利用科研机构有利于培养大学生开拓进取的科研精神，提升其竞争意识，激发其内在科研动力。任何科研活动都有一定的历史积淀，这种积淀是技术方法、精神文化方面的积累，具有内在的传承性。文化及精神的传承性能够通过人的新旧更替，将这种具有经验性、智慧性的精神文化予以传承，通过文化教育的软化力，深入科研工作者的内心世界，促进其价值观、世界观的发展。

6.2 国外高校科研育人的经验启示

纽曼说：“大学教育是通过一种伟大而平凡的手段去实现一个伟大而平凡的目的。” 高

①丁建洋. 日本大学共同利用组织制度的历史演进与运行机理-日本大学协同创新的一项重要制度设计［J］. 外国教育研究，2015（2）：46-55.

校科研育人旨在通过科研的过程与方式，提升大学生思想道德品质与科研能力，其根本目的在于为国家培养人才。国外高校通过各种方式推动科学研究、人才培养，在实践中取得了丰富的经验，对我国高校科研育人有重要的启发。

6.2.1 人才培养与科研工作协同发展

从国外科研育人相关经验来看，无论是德国建立科研中坚机构促进了科研素养的提升，法国组建科研合作集群推动“科研+育人”的双向发展，英国构建高校卓越框架驱动科研人才培育的内生动力，美国整合多方科研主体，强化人才培育能力建设还是日本共同利用科研机构实现科教融合发展，其宗旨都是人才培养与科研同步发展、融合发展。各国具体做法虽有所差异，但本质上仍然是通过科研的方式促进人才的培养，为国家科技发展及国家间的竞争提供人才支撑。具体表现在以下三个方面：一是科研活动吸收大学生加入，致力于青年人才的培养。无论是通过高校与科研机构的合作，还是科研机构独立办学，亦或是高校共同利用科研机构等，都允许高校大学生参与其中，甚至在共同利用科研机构模式下，大学生参与科研活动是科研机构使用权获得的前提条件。这反映了科研活动对高校人才培养的促进作用与服务作用。二是直接提出科教融合的发展理念。如日本在政府设立或者高校自发设立的科研机构中，强调大学生的项目参与度，直接将共同利用机构的宗旨定位为科教融合发展。虽说科教融合发展与科研育人之间存在一定的差异性，但是科教融合中的“教”，依然强调的是对大学生的教育层面，反映了人才培美的内在需求。三是科研与育人在本质上存在关联，无法在实际中脱离。科研活动归根结底是人的活动，是科研工作者的活动，而科研工作者的成长离不开高校教育。虽说美国采取了科研机构直接对人才培育负责的模式，但是在形式上依然采取高校育人的方式。因此，科研育人中，科研是一种手段或者方式，育人才是根本动机。两者之间紧密联系，无法脱离，这是各国及高校科研育人所需遵循的主线。

6.2.2 科研能力与科研修养并驾齐驱

科研修养与科学修养具有差异性。科学修养主要立足于科学本身所蕴含的内在价值，如尊重科学、反对迷信等价值取向。而科研修养强调的则是在科研活动中所形成的素质、品格及道德。科研育人的本质要义是将大学生置于科研工作当中，进而培养其科研修养。国外的做法主要体现在两个方面：一是科研工作中坚持对科研工作者的精神教育。如德国的客座研究员模式，由马普学会定期举行相关的交流会及心理沟通节目等，组织科研工作者分享科研经历与人生故事进行心理疏导，反映了马普学会在重视科研活动的同时，也同样重视引导科研工作者的正确价值观。通过精神层面的科研交流方式，帮助科研工作者领会科研精神，养成科研修养，形成健康向上的心理品质，同科研育人的本质内涵并无区别，且具有适宜性。二是科研工作中注重科研文化的传承。无论是法国的集群模式还是美国的多主体培育模式，亦或日本的共同利用科研机构模式，都在科研育人中遵循科研活动的内在规律，承认科研文化的客观存在，并通过科研者代代传承。如日本的共同利用科研机构的模式积累了较为厚重的科研文化。日本高校的学生到共同科研机构参与科研，受到科研文化的影响，对其养成良好的科学素养与品格，掌握丰富的科研经验及先进的科研理念及方法，具有十分明显的作用，且对于科研项目的成功发挥了重要作用。我国高校科研育人理应注重对学生进行精神教育，注重营造良好的科研文化氛围。

6.2.3 推动科研育人的交流合作

高校科研育人在信息交流形式上的应然状态应该是开放性，而非封闭式，因此，科研育人需要在交流中不断发展。发达国家的相关经验，能够揭示出其共性在于强化交流与合作，科研育人的职责并非全部限于高校，而是通过强强联合或者直接扶持等方式，对科研育人保驾护航。发达国家的经验体现在几个方面：一是强化政府与高校之间的合作。此做法主要以法国和美国为代表，其中法国通过政府设立的国家科研中心，强化科研中心与高校之间在科研和人才培养方面的合作，事实上是对高校科研育人的指导及支持，只不过这种支持属于外部支持。科研中心与高校建立的联合科研机构，组成人员包括优秀大学生，有利于形成“科研+育人”的双向发展机制。美国虽然采取政府下属科研机构直接参与人才培养的模式，在具体效能上显现的较为直观，但是在本质上仍然是一种合作机制。这两个国家的两种模式，都在很大程度上促进了科研育人的发展。二是强化不同高校之间的合作。此类合作形式主要以英国、日本的高校为代表。英国构建高校卓越框架，主要目的之一在于强化高校科研活动的交流，通过交流形成科研竞争以培养科研人才。日本高校的共同利用科研机构也是如此。虽然我国并未出现类似的共同利用科研机构，但是从我国科研育人的发展趋势来看，高校依然是实践中的主要主体之一，且在科研育人中肩负着主要责任。因此，有选择地借鉴发达国家模式，通过建立高校科研育人联合培育模式，强化各高校之间在教学、科研、思想政治教育等多领域之间的交流与合作，从而达到共进互促的良好效果。

6.2.4 以科研评估制度创新高校育人

英国在科研评估制度改革方面取得了一定的成绩，2014 年正式启用的高校科研评估体系框架，在世界上有着重要影响。英国为了高校科研评估制度的科学性，确立了“三位一体”的评估原则，建立起科研人才持续发展的长效机制。英国科研评估制度根据评估结果分配科研经费，以差异化的经费支持，强化科研创新及人才培养能力。英国科研评估制度重视科研成果的卓越性及其影响力评价，注重高校间协作和跨学科研究，坚持研究成果的创新导向和质量导向，优化评价方法和科学分类评估。英国科研评估制度对高校科研育人的发展影响深远，科研评估制度的实施效果显著，英国高校重点科研得到不同程度的加强，为我国高校科研育人建构科学科研的评估制度，加强科研监督管理，引导科研服务社会，提升资源配置效率，公正评估科研水平方面提供了重要借鉴。

第七章 高校科研育人的实践创新

新时代高等教育面临着新形势、新任务，对高校科研育人理论研究与实践探索提出了新问题。借鉴域外高校实践中所形成的成功经验，积极探索高校科研育人行之有效的实践创新路径，回答“时代之问”，这是理论界和学术界对于目前高校科研育人存在的共性挑战、困境和成因的现实关切。我国高校科研育人工作应从系统优化、方法创新、机制创新、实践模式等方面来实现科研育人的新突破，以适应高校思想政治工作质量的提升。

7.1 高校科研育人的系统优化

高校科研育人是一项系统化的教育工程，其有效实施离不开系统化的发展策略，针对前述所厘析的科研育人中存在的问题及其成因，有针对性地从组织、内容、要素及载体等方面提出了高校科研育人的系统优化路径。

7.1.1 高校科研育人的组织优化

《中国高等教育法》明确了“高等院校实行中国共产党高校基层委员会领导下的校长负责制”。从法律层面确定了高校教育工作的党组织领导及校长负责制度。高校科研育人离不开有效的党组织领导，应当从多方面优化组织领导力。

1. 形成党组织与行政部门在科研育人上的协同力

高校科研育人应当形成高校党组织与行政部门之间的合力。习近平在全国高校思想政治工作会议上指出，“确立党委在高校多元主体协同育人中的领导地位”①。所以，高校党组织应当与行政部门围绕科研育人的根本内在逻辑要求，形成分工明确，高效运作的育人合力。

（1）强化高校党组织的领导作用。高校党组织在科研育人中发挥着政治、思想和组织

①习近平．把思想政治工作贯穿教育教学全过程开创我国高等教育事业发展新局面［N］．人民日报，2017（2）：4-5.

的领导。首先，强化政治领导。高校党组织应当在科研育人中把握正确的政治方向。政治领导就是在高校办学过程中，坚持正确的教育方向，让其和党的宗旨、政策方针相一致，坚持自主、独立办学。高校科研育人只有坚持党的政治领导地位，坚持马克思主义指导，才能牢牢把握育人的方向，才能塑造大学生正确的世界观、人生观、价值观，才能引导学生坚定共产主义的理想与信念，从而将这种精神力量汇聚成社会发展与进步的磅礴力量。其次，强化思想领导。在高校科研育人的组织管理格局中，要坚定正确的价值取向，强化党组织的思想建设。党员的思想状况直接关系党组织的思想领导。当今各种西方社会思潮不断冲击大学生的主观世界，需要在科研育人中，强化组织的思想建设，形成强大的思想合力，提高党委的思想服务质效，引导教师与学生坚定正确的价值观念，自觉地抵制庸俗价值观的侵蚀。最后，强化组织领导。用组织推动高校科研育人工程，形成以“校党委集中领导，二级学院党委组织实施，教师党支部推动落实，党员教师发挥作用，各部门协同配合”的组织实施体系，即纵横两线协同发力，层层抓落实，一级抓一级，形成书记校长带头抓科研育人，学校党委对科研育人的工作进行专题研究，建立由书记任组长的科研育人领导小组，构建“大科研育人”格局。

（2）在党委的领导下强化科研育人的行政保障作用。有学者认为，高校的科研育人工作的核心主体是教师，关键在于科研过程中对学生的培养，因此应当坚持教师独立育人，不应当进行行政干预。这种主张具有一定的合理性，但是忽略了科研育人中的行政作用。高校科研育人工作离不开必要的行政保障。虽然教师在教学过程中具有一定的独立教育权，但是也需要行政部门提供必要的基础性保障。如，科研育人中的科研设施及场所等基本设施的配备、科研经费的审核及支付、政策支持等。因此，强化高校科研育人的组织作用，需要在党委的领导下，坚持独立育人与行政服务相结合的发展思路。一方面，教师可以通过课堂教学、科研活动、校外实践等多种方法独立实施育人活动，高校行政部门不作过多干涉。另一方面，高校行政部门针对科研育人的现实需要，需提高工作效率，树立服务育人的观念，变“管理”为“服务”，变“制约”为“保障”，为科研育人的过程提供坚实的综合保障。

2. 形成“统分结合”的科研育人组织模式

从高校科研育人的组织框架上看，存在着校、院两级组织建构。两级组织共同承担科研育人的使命、责任。因此，为了落实两级组织在科研育人中的责任划分，有必要理顺层级关系，建立统分结合的育人组织模式。

（1）学校高度重视。学校从科研育人的全局着手，统一制定相关发展政策及制度，提出科研育人在高校工作的战略规划，做好掌舵人，同时学校从整体上负责资源调度。科研育人作为一项教育活动，需要一定的物质支持。学校通过整体资源调度、全局规划，调度全校资源，做好科研育人的物质保障。

（2）建立配套制度。学校通过制定相关制度，完善相关机制，对各学院科研育人的实行予以宏观支持。首先，学校通过制定责任清单，将科研育人的工作进行层层细化，使得整体工作逐渐分解，具有可操作性。高校科研育人在宏观上确实存在战略指导的作用，但在微观操作上也要做到面面俱到。学校要保证科研育人的工作具有实操性，而非流于形式，要进行必要的任务分解，促进实施的效率。此外，任务分解也有利于责任划分。其次，建立监督考核机制。科研育人任务的顺利完成，离不开科学的监督机制。科研工作本身是对科学领域的去伪存真过程，离不开应有的监督机制。学校肩负起监督职责，制定公正的考核机制，对科研育人的实效进行必要的评价。最后，建立科研育人的激励机制。激励机制应当包含精神及物质层面。精神层面可以通过设立“科研育人先进个人”“科研育人优秀团队”等奖项予以一定的精神嘉奖。物质奖励可以通过实物或者货币的形式，对育人主体及组织进行必要的奖励。此外，高校建立教师科研育人绩效考核与职称评定挂钩模式，进一步激发其科研育人的动力。

（3）院系自主探索。虽然高校科研育人已步入实践阶段，但从整体上看仍然属于新生事物，具有一定的探索摸索期。学校针对各院系专业方向、师资配备、学生结构等多方面的差异，鼓励各院系依据实际，积极探索科研育人创新路径。首先，下放部分自主权，激发院系育人动力。从高校科研育人的实际过程来看，院系作为育人的一线组织，作为科研育人的主战场，其运行状态直接到关系育人质效。因此，学校将部分资源配置权、行政考核权等权限下放，强化院系组织的管理权、参与权与保障权，从而激发院系内在积极性。其次，鼓励院系探索人才需求与引进策略，允许差异化的存在。虽然学校从整体上制定了科研育人的相关政策，但是各院系存在专业学科、学生能力等各方面的客观差异，应当赋予基层院系一定的人才培养权限。例如，自主组织科研团队、自主设置岗位、绩效奖励分配、人才引进权限等。院系处于人才培养的第一线，对科研育人过程中的人才需求最为了解，赋予其人才引进权限，能达到满足科研育人需求的目的。

7.1.2 高校科研育人的内容优化

在高校科研育人的内容厘定上，不同院校、不同教师之间存在差异化理解，容易导致科研育人在内容上存在模糊界限，引发育人环节的混乱状态，致使教师、学生等主体缺乏抓手。因此，要优化育人内容，崇尚自由独立、自主创新、自我发展，树立科学的科研育人理念，提升科研育人质效，回归教师育人本位。

1. 坚持理想信念与政治信仰教育相统一

理想信念是人们所具有的强大内心动力与未来的行为追求，能够形成人的基本世界观和价值观，是对事物评判的重要依据。高校科研育人育的首先是学生的理想信念。十八大以来，习近平在不同时间、不同场合反复强调青年学生要坚定理想信念。习近平在庆祝中国共产党成立 95 周年大会上的讲话指出“强化理想信念教育是对青年学生的期待与要求”①，为新时代高校思想政治教育的核心要义作出了重要指示。政治信仰就是要真正确立马克思主义、社会主义的科学信仰。高校科研育人的性质要求突出政治信仰教育的引领，增强政治自觉，铸牢科研育人的思想根基。政治信仰教育要与理想信念教育一道，成为科研育人的基本内容，两者相辅共生，融合发展。理想信念与政治信仰的教育内容具有先天性的契合。政治信仰需要建立在理想信念的基础之上，没有理想信念的人，是不可能有政治信仰的。政治信仰教育会影响理想信念的塑造。

（1）突出育人的理想性。大学生心中有理想，才会为科研事业奋斗不息，才会克服科研路上的艰难险阻。树立崇高的理想是大学生踏实干科研，成就科研事业的动力。在高校科研育人实践中，要把理想信念教育内容放在重要的位置，融入课堂教学、项目研究、科研活动、科研实践等环节，将理想信念与政治信仰教育统一起来。高校科研育人坚持理想信念与政治信仰教育相统一，引导大学生把马克思主义、共产主义作为信仰，坚定共产主义的信念，坚定对人类无限美好的信心，关注人类命运和前途，坚定对马克思主义理论的认同；引导大学生用理想践行初心，用信仰实现使命，不断从“四史”中汲取精神之源；帮助学生树立共产主义的远大理想、中国特色社会主义共同理想，为国家科技创新努力奋斗，达到理想信念与政治信仰教育的协同，突出育人的理想性。

（2）突出育人的现实性。首先，高校科研育人坚持理想信念与政治信仰教育相统一，要大力培养大学生崇尚科学的理想信念，培养大学生把爱科学、学科学和科技创新当作奋斗目标和行动方向，全身心地投入到科研活动中来，坚持不懈地从事科技创新工作，坚定自己最初的选择。其次，高校科研育人坚持理想信念与政治信仰教育相统一，要积极引导学生正确面对科研工作的长期性和复杂性，科研能力需要长时间的积累和磨炼，要经得起默默无闻的考验；要引导学生正确面对科研的挫折和失败，科研成果需要在反复实验中才能获得，要坚信、坚持已经确立的研究方向。要排除各种消极因素的影响，正确面对压力和挑战，正确面对成功与挫折，激发大学生不怕艰难险阻地进行科学研究，勇于进行科研实践探索，突出育人的现实性。最后，高校科研育人坚持理想信念与政治信仰教育相统一，在现实中要转换信仰教育的话语体系，讲究科学的方法，切忌空洞说教，解决育人感

①习近平．在庆祝中国共产党成立 95 周年大会上的讲话［N］．人民日报，2016-07-02（2）．

染力的问题，使其获得大学生的真正理解、认同和共鸣，从而坚定理想信念。解决政治信仰教育的感染力问题，不仅关系到政治信仰教育的效果，也直接影响着科研育人的质效。可以选取网络上较为热门的政治话题或者事件。这类事件处于舆论发酵期，关注度较高，能够引发较为强烈的感染力，能够吸引更多的眼球。此外，政治信仰教育具有鲜明的现实性特征，即政治事件及政治现象具有动态的变化性，随着时间的推移不断处于变化当中。在高校科研育人的过程中，突出对政治事件的解读、对政治形势的分析，从立场及利益角度分析事件背后的本质，运用辩证唯物主义和历史唯物主义对问题进行剖析，帮助学生掌握科学的世界观和方法论，从而帮助学生提高评判是非的能力以及解决问题的能力，突出育人的现实性。高校科研育人坚持理想信念与政治信仰教育相统一，坚定大学生为国为民奉献的信念，树立将个人利益与国家利益相统一的家国情怀，达到理想性和现实性的统一。

2. 坚持道德培育与法治培育相统一

学术诚信是科研活动安身立命的生命线。高校科研育人的各多元主体必须牢固树立学术诚信意识，必须履行恪守科研规范、维护科研诚信的基本法律义务。如果教师或学生在科研育人中有违规行为，则会受到相应的法律惩处。因此，为了维护学术公平，高校科研育人须注重对参与主体的学术诚信、学术道德教育和监督，构建教育、预防、监督、惩治于一体的学术诚信制度体系。

（1）完善学术规范体系。包括建立研究成果评价体系、学术诚信档案和学术诚信教育体系。一是建立研究成果评价体系。科学的研究成果评价体系的建立关系到学生科研规范的主要外部因素；二是建立学术诚信档案。学术诚信档案的建立对科研育人保障体系的实施非常重要，只有将学术与社会的诚信纪录进行联动，建立学术诚信档案，才能对科研育人中的不良行为起到有效的制约作用；三是建立综合的学术诚信教育体系，除了对学生进行学术能力的培养，还要注重对其诚信和品德的教育。学术诚信教育是高校科研育人关注的焦点，努力提高大学生的诚信意识，规范诚信行为，是高校科研育人的必然要求。

（2）依法处置学术失范。对于违反学术规定的相关行为，学校管理部门应依法、依规处置。按照自律与他律相结合、惩罚与教育相结合、学校制定与学生参与相结合、学校与社会诚信保障体系相结合、学校行政管理系统与学术评价系统相结合、促进人的作用与发挥制度的作用相结合的原则，把握好准确界定学术失范行为、规范学术失范行为的处理程序、慎重对待处理结果、严格按照申诉和司法程序等环节，科学、规范、稳妥地处理好学术失范行为。

（3）强化教师的监督角色。高校教师尤其是导师对于硕士研究生和博士研究生的学术研究、个人成才的影响尤其重大。构建“学校监督导师、导师监督学生”的学术责任传递机制，同时发挥导师和学生相互监督的作用。导师还应该对学生论文写作、科研项目申报等学术研究活动中的引文、署名、发表和评价的过程进行全程的指导和监督，培养和提高学生学术道德规范。

3. 坚持人文素养与科研精神培育相统一

高校科研育人所培育的是具有家国情怀，能够担当民族振兴大任的时代新人，时代新人至少是应具有人文素养及创新精神的人。因此，高校科研育人应当坚持人文素养与科研精神的统一。马克思曾指出：自然科学依然是关于“人”的科学，不适用抽象唯物主义，仍应纳入辩证唯物主义的范畴。马克思深刻阐明了科学与人文之间的关系。人文素养来自对实践的抽象，反映出人在实践中所形成的世界观与人生观。而物质对意识的决定作用是人文素养产生的基础，同时实践活动本身也能够抽象出自身特有的精神品质。所以，科研活动具有自身的科研精神，而科研精神与人文素养是辩证统一，紧密联系的，两者之间不应该被分割，这也给科研育人中坚持两者的统一提供了理论基础。首先，坚持人文素养与科研精神培育相统一，还应当坚持二者在育人目标上的统一。树立科研精神，是科研育人的内容之一，而科研精神又包含了艰苦奋斗、开拓进取、勇于创新、严谨诚信等具体品质。科研工作的开展虽然是实践性的，但具有精神培育的职责，也是科研工作的目标之一。基于此，应当在高校科研工作中，通过制度化的安排，将该目标予以明确，并列入人文素养的范畴之中。其次，坚持人文素养与科研精神培育相统一，应当实现育人过程的协同发展。在人文社科专业院系，除了将人文修养、政治理论、文化课程等教学内容纳入科研育人的目标范围外，还应当与自然科学院系的教学内容协同互补。例如，可以将自然科学的一些专业课程予以简化，在人文社科专业院系，开设自然科学通识等课程，培养学生的科学意识，营造良好的科研氛围，这对于开展社会科学研究也大有裨益。

7.1.3 高校科研育人的要素优化

1. 理念上要体现科学与先进

理念决定高度，理念是思想及行动的向导，也是科研育人实施的前提。高校科研育人理念的科学与否、先进与否至关重要，它直接影响、决定着高校科研育人的成效。

（1）高校科研育人理念要具有科学性。高校科研育人理念能否传承好以往高校科研育人的经验和域外国家高校科研育人的优秀成果，关键在于其是否具有科学性。高校科研育人理念作为一种先进的教育理念，其科学性不仅体现在其具有先进的指导思想及丰富的理论渊源，同时还体现在高校科研育人具备现实的实践基础和系统的内容构成上。一是高校科研育人的理念要具有先进的指导思想。对高校科研育人的性质、功能、目标方向、价值取向和实践途径等重大问题的正确认识，关键在于高校科研育人的理念充分体现了马克思主义的指导地位，用马克思主义的世界观和方法论来指导育人实践。二是高校科研育人理念要具有丰富的理论渊源。马克思主义以及中国共产党人关于育人的思想是其丰富的理论渊源，思想政治教育学是其重要的理论基础，其他学科视角下的育人思想是其重要的理论资源，域外国家及高校科研育人理念为其提供了有益的借鉴。三是高校科研育人理念要具有现实的实践基础。高校科研育人理念的本与源是中国高校现实的育人实践。高校科研育人的实践基础主要是建国以来高校科研育人所走过的曲折道路和成功经验，当然，域外高校的科研育人也为我们提供了经验教训。四是高校科研育人理念具有系统的内容构成。高校科研育人理念由各个组成部分构成一个有机统一的系统，且各个组成部分遵循一定的规律，符合时代发展趋势。高校科研育人顶层设计的思维要新，国际视野要广，制度设计要有系统性，方式方法要统筹兼顾，政策环境要良好，科研文化氛围要浓厚，创新能力要强，等等，各个组成部分要经得起检验。总之，高校科研育人理念坚持马克思主义的指导地位，具有丰富的理论渊源、坚实的实践基础和系统的内容结构，使其成为科学的理念。

（2）高校科研育人理念的先进性。高校科研育人理念的先进性决定了它具有与时俱进的理论品格，它能够以科学的态度研究高校科研育人发展中的新情况，概括新经验，获得新结论，不断创新、丰富和完善它的科学体系。一是高校科研育人理念的先进性体现在科研文化的传承上要与时俱进。育人是在一定文化环境中育人，传承以前科研文化的同时要体现时代精神，方能引领时代。二是高校科研育人理念的先进性体现在科研实践上要不断勇攀科学高峰。科研是在永不停歇中创新，只有原创性的创新才能推动时代进步，站在时代前沿。三是高校科研育人理念的先进性体现在育人方式方法的上要符合网络时代教育、经济和社会等发展的新趋势，不断提高高校科研育人的能力和水平。要以解决育人新问题为导向，在育人内容、方式、载体上下功夫，高校科研育人才能真正达到实效。

2. 主体教育上要体现和谐共进

教育主体之间的冲突，会弱化教育的效果。高校科研育人要消解教育主体冲突，实现两者之间的和谐共进。一是要坚持以人为本。以人为本发生在科研载体上，体现在科研过程中，高校科研育人要注重人的作用，明确教师与学生的主体地位，形成和谐的科研氛围。科研育人的主体是人，是为了人的提升。高校科研育人的过程要具有人性化，摆脱科研硬性管理所具有的弊端，形成具有人文关怀的育人思想。二是要尊重学生的自我教育的地位。科研活动提供知识与技能的一方是教师，但是学生的自育能力是必不可少的。如果脱离了学生的自育主体地位，教师的教学活动是没有意义的。毕竟，知识的传授依然建立在受教育者的主观接受之上。如果教育受体拒不接受传授的知识，则教育行为也是无效的。高校科研育人要努力提高学生的自主性，完善学生的自我意识，注重培养学生自我教育、自我管理的能力，从而实现高校科研育人个人发展和科研进步的双赢。三是尊重学生在科研活动中的作用。任何一个科研项目如果只有主持人而没有参与者，则这个项目是很难成功的。因此，在科研活动中，要增加师生互动，充分尊重与认可学生在科研中的能力与作用，从而调动其内在积极性，发挥其主观能动性，激发其潜能，达到共识、共进，实现共同发展。高校科研育人在主体教育上的和谐共进，突出人的主体作用，能对学生进行有效的心理、思想、行为、意识的有效引导，从而突出科研育人的人性化特点，满足学生与教师之间的内在心理发展要求，充分体现出高校科研育人内涵所具有的特征。

3. 内容要素上体现系统性与整体性

高校科研育人的内容属性在育人过程中具有关键性作用。

（1）形成系统性内容。系统性是相对于单一性而言的，高校科研育人的系统性指的是科研育人的方式及途径并不是单一存在的，而是具有集合化的概念。从横向上来看，内容要素要实现同其他要素之间的融合发展与共通互利。科研育人的四要素说认为内容要素是系统化的要素，包括思想道德教育、政治教育、法律教育与创新能力教育。科研育人过程中四个方面的内容要素虽然在形式及内容上有所差异，甚至分属不同学科，但是四者之间是紧密连接不可分割的整体系统，同向发力。

（2）形成整体性内容。从纵向上看，科研育人要在自身形成系统的过程中，要与其他环节相得益彰，避免出现内在矛盾。从整体性的角度来说，高校科研育人的内容包括行为育人、环境育人、制度育人、实践育人等，它们形成一个完整的育人整体，环环相扣，才能达到育人的效果。行为育人是教师的言谈举止、科研态度、科研作风等对大学生产生的直接影响；环境育人直接影响到科研育人的进度和成效。因此，要努力营造优质的校园科研文化，充分发挥环境育人的作用；制度育人是以制度来保障育人。高校制定的科研制度起到约束、规范学生行为的作用，使学生养成自觉遵守规章制度，自我约束的好习惯；实践育人是培育学生探索知识和创新精神，善于发现问题和解决问题的实践能力。科研实践育人是大学成长成才的必由之路。此外，高校科研育人内容还要贴近时代、贴近生活、贴近学生。

4. 工具选择上体现灵活多维

高校科研育人的工具因素主要是指科研育人所采取的方法、途径、评价、政策等工具，进行有组织、有计划地育人。根据科研育人的需要，在工具选择上做到多维性与灵活性。

（1）科研育人方法灵活多样。科研育人方法是指科研实践中教育者与被教育者之间进行沟通的手段、渠道，这种沟通的方式并非完全单一化及固定化，而是灵活多样或是综合运用多种方法。如，榜样示范法、实践锻炼法、自我修养法。育人方法因人而异，根据育人对象的变化而变化，毕竟育人对象的个性、感情等是不一样的。高校科研育人需要以适当的方式方法进行生动、活泼、有说服力、渗透力的引导，这样才更奏效。

（2）科研育人途径多样多维。由于科研项目的多样性、育人对象的多变性、环境的复杂性、科研育人的丰富性等因素，高校科研育人要通过多种途径开展实施。科研育人只要在科学的目标与理念框架内，可供选择和利用的渠道可以多维化。高校科研育人根据育人情况的需要，可采用多种育人途径或综合分阶段育人、分角色育人、分课堂育人、分平台育人等途径，构建完整的育人链条。

（3）评价工具科学合理。高校科研育人将评价工具嵌入育人过程的始终，以评价工具促进科研育人，形成以评促育的范式，使研究成果和育人成效得以并驾齐驱。高校科研育人评价应注重学生能力发展、学生主动参与评价、评价结果有效应用等关键性问题。

（4）政策工具选择有效合法。政策工具选择的恰当与否决定着高校科研育人的成败好坏。高校科研育人政策工具的选择要考虑到制定的政策能否有效执行并达到预期效果。厘清政策工具选择的影响因素是科研育人科学决策的关键。因此，政策工具的选择要在政策合法性的基础上体现灵活多维，科研育人才能达到有效性。

科学的方法、途径、评价、政策等工具创新，会对科研活动和科研成效产生积极作用，高校科研育人要加大对工具创新的力度，在工具选择上体现灵活性与多维性。

7.1.4 高校科研育人的载体优化

高校科研育人秉持学生至上，以问题为导向，以项目为驱动，加强育人载体建设，不断丰富科研育人形式，拓宽育人载体，展现育人特色。高校科研育人载体一般包括课程、实践、文化、网络、心理、管理、服务、资助、组织等载体，它们之间具有互补性。

1. 优化课程载体。课程载体是高校科研育人的核心，承载着高校科研育人的渠道。高校科研育人优化课程载体，要完善课程体系，深化教学内容改革，打造课程育人平台。高校科研育人要求教师将科研成果、学科前沿动态、重大科技事件、重大工程技术等科研元素融入课堂教学，帮助学生尽早树立专业志趣、培养科研兴趣，把科研精神渗透到各门课程中。此外，实施“思政科研”与“科研思政”协同育人，促进“思政科研”为“思政课程”服务，切实将研究成果用于课堂教学和人才培养之中。

2. 优化实践载体。实践载体是高校科研育人的厚度。高校科研育人要想抓好实践育人工作，就要搭好科研实践平台，打造校内、校外科研实践平台。校内实践育人依托学生社团，开展科研创新活动。以科技社团为抓手，通过举办学术讲座、演讲赛、辩论赛以及科学实践等系列活动，着力培养大学生科研兴趣，营造良好的科研创新氛围，还可以搭建大学生科技创新平台，培养大学生的科研实践能力。积极拓展校外科研实践，包括到科技企业实习实训、参与产业化科研项目等。此外，积极探索常态化、制度化的科研实践育人机制，确保科研实践育人的有效运行。

3. 优化文化载体。文化载体承载着高校科研育人的灵魂。高校科研育人以文化浸润、文化体验和文化传承等多种形式开展育人。科研文化最重要的就是校园文化，构建校园科研文化传播新阵地，即使校园的一草一木都能让学生品尝出科研育人的味道，营造出浓厚的校园科研文化氛围。高校科研育人要把科研文化育人理念融入校园学术、文化活动之中。开展大型科普活动，打造科研大讲堂，讲好教师校友学生等人物科研故事。此外，推进重点研究基地建设，传承文化基因，构筑科研文化高地。培育科研文化自觉、增进科研文化认同，实现科研文化育人效果。

4. 优化网络载体。网络载体承载着高校科研育人的热度。高校科研育人在很大程度上是在网络媒体环境下育人，要主动拥抱互联网生态，增加网络科研内容供给。高校要加强网络科研平台建设，主动占领校内网络阵地，主动在校园网络平台、网络社群、公众号等植入科研元素，打造网络科研交流平台，传播科研网络文化，唱出科研好声音。完善网络科研育人机制，学校要将网络文化中的科研元素建设纳入学生工作年度综合评价体系，提高学生网络素养、强化创新意识，打开立体化网络科研育人格局。

5. 优化心理载体。心理载体承载着高校科研育人的温情。心理育人是高校科研育人的重要抓手和动力，通过心理疏导和人文关怀的方式来驱动学生进行科研创新。高校积极探索全覆盖的心理育人体系，完善心理健康教育帮扶体系，把心理育人考核纳入科研评价考核体系中，构建系统化的心理育人工作机制。此外，建立科研心灵交流驿站，建立校内外心理健康素质拓展基地。科研育人主体要注重深耕学生心理，用科研精神引导学生心理，引导学生将个人科研发展与国家创新发展相结合。

6. 优化管理载体。管理载体承载着高校科研育人的高度。高校各个部门要建立健全科研管理育人制度，科学的科研管理育人制度能够对广大师生进行积极引导，散发出“芳香”的育人气息；科研的规范管理、标准化管理、人性化管理浸透着科研精神，用科研管理润物细无声地育人。此外，构建现代高校科研育人管理体系，多部门齐抓共管、多环节相互配合，让科研管理与育人共奏乐章。

7. 优化服务载体。服务载体承载着高校科研育人的深度。高校各类服务岗位存在大量科研育人的深厚元素。高校从完善岗位考核体系着手，增加科研服务育人效果为评价考核服务的标准；打造科研服务育人基地和平台；优化科研服务内容，改善科研环境；不断强化科研服务育人意识、构建完善科研服务育人体系，努力在关心人、帮助人、服务人中实现对学生的教育引导，增强科研服务育人实效。

8. 优化资助载体。资助载体承载着高校科研育人的温度。高校努力构建多层次立体化的学生奖学金、助学金和津贴资助体系，为学生提供经济支持，为科研育人提供薪酬激励和精神激励，鼓励学生潜心科研，参与和接受系统的科研训练，才能更好地推进科研育人工程的实施，实现科研育人的新路径。

9. 优化组织载体。组织载体承载着高校科研育人的先锋。党的基层组织是科研育人的基础，发挥着科研育人的保障功能和纽带功能。高校科研育人坚持组织领导，发挥师生党员的先锋模范作用，才能不断提高科研育人的水平和质量。高校要从建立完善党建工作考核评价体系着手，将科研育人成效纳入党建工作考核评价范畴，保障育人功能发挥；要将科研育人与高校党建“双创”工作有机融合。此外，还要发挥群体作用，创设组织育人的有效载体，凝聚组织育人的工作合力，提升组织育人质量。

7.2 高校科研育人的方法创新

高校科研育人作为整体性、综合性的教育工程，其方法的选取应当具有多向度、全面性及有效性，应当建立起“线上+线下”“自育+榜样”“内部+外部”“主体+客体”等方法体系。

7.2.1 构建“线上+线下”相互结合的育人方法

新媒体时代的全面到来颠覆了传统的科研育人理念，科研方式逐渐多样化，高校科研育人悄然地开辟了从线下走向线上的道路。新型线上教育模式要求高校科研育人要全方位整合科研资源，充分利用新媒体实现高效的科研育人目标。科研育人与课程育人同属高校育人体系，但是科研育人实践导向更加明显。因此，在高校科研育人发展过程中，要切实遵循实践导向、育人规律和学生的成长规律。要在传统线下育人模式的基础上融入新型的线上育人模式，建立以线下为主体，线上为辅助的线上线下相混合的立体育人方法，既注重科研育人的形式，又注重科研育人的内容，只有这样才能帮助高校提高科研育人质量。因此，结合我国科研育人的实际情况，采用“线上+线下”的立体育人方法，既要重视传统的科研育人方法，又要利用信息技术开辟更多的科研育人渠道，建立更加完善的科研育人体系，实现高校与学生的共同发展。

1. 运用新媒体技术，提高传统线下理论课堂的育人实效性

新媒体的发展势头迅猛，高校教学普遍加大了对新媒体的有效应用。高校要在发掘传统线下科研育人方式的特点和优势的基础上，运用新媒体技术激活理论课堂教学内容，通过新媒体 APP 将抽象的概念、原理进行共享和立体呈现，将繁琐的数字、公式形象化、简单化，学生更易于理解，从而提高育人实效。要借助在线网络平台，丰富科研内容。各种网络科研平台、资源库以及在线开放课程提供了大量科研内容、科研素材，为教师提供了优选育人内容，为学生提供了自主学习、协作学习和交互学习的软环境，扩充了传统线下科研资源，给学生从事科研提供了便利，增加了学生顺利完成科研项目的信心。

2. 创新科研育人形式

教师需要改变育人方式，丰富学生学习体验，促进学生学习方式多元化，实现学习空间与生活空间融合、线上学习与线下活动互补、线上交流与线下学习成果互认。一是可以建立科研育人微课堂，尤其是在疫情背景下，可以通过网络课堂的形式进行有效教学与互动，增强学习的交互性，实施课前、课中、课外“研究性教学”模式，建立“研究型科研育人课堂”。二是可以开办科学与生活等类型的微评论，定期选取切合日常生活的小妙招，将科学与生活相融合，拍成视频上传客户端，设置有奖评论等，以此对人文社科专业的学生形成吸引力，强化育人效果，让“研究”内化为学生的创新能力与自我习惯，使师生共同研究与创新、创造成为一种学术精神。

3. 合理搭建“线上”网络对话平台，开展深度互动

为了使高校科研育人普遍适应新时代大学生的学习特点，高校应该及时打造安全、自由、开放、共享的“线上”网络交流平台，让广大学生借助网络平台分享自己的科研想法、创新观点和育人理念，充分表达自身的科研发展诉求和个人成长愿望，从而提高自身价值。此外，教师要借助线上网络平台与学生进行沟通和交流，切实打破“课上难以开口，课下没有时间”的条件局限。

4. 打造智慧智能环境

高校科研育人要利用网络平台支撑优化科研流程管理，促进学校日常科研管理和教学管理的自动化、过程化和智慧化。要提供智能化教学与科研管理平台支持，跟踪记录师生教学行为与学习发展过程，并通过数据收集与分析进行智慧化评价。技术平台要能够智能化地跟踪学生成长状态与成长轨迹，个性化推送学习资源，优化学习方式。学校需要构建新的管理生态，实现全流程跟踪、全过程支持，真正为线上与线下深度融合的教学改革提供测评、监测、决策支持等，打通学习空间与生活空间。

总之，在高校科研育人过程中推行“线上+线下”的育人方法需要充分调动一切相关建

设因素，在摒弃传统科研育人的优势和特点基础上，合理利用新媒体技术的发展功能，充分融合科研育人资源，构建现代科研育人方法是推动高校科研育人长足发展的关键所在。

7.2.2 构建“自育+榜样”内外结合的育人方法

高校科研育人是双向性的，不仅需要育人客体自身的自主教育，还要通过榜样人物的典型示范，将自育和他育相统一，内外结合才能达到育人的实效。

1. 注重自主育人

高校科研育人需要一个良好的外部环境，更需要客体的内在追求。自育是高校科研育人客体为了提高自我素质和自我科研水平的自律自悟，体现的是对科研育人的内在追求。客体在科研育人活动中发挥主观能动性更有必要，这往往决定着科研成就的大小。个人的自觉程度越高，高校科研育人越容易获得成果。可以说，高校科研育人是以自育为主的育人。自育是取得科学研究成就的一种自我保证。高校科研育人的实践是产生和发展自我育人意识的现实基础，自育是在实践中努力塑造自我和调控自我。高校科研育人的过程，就是在不断变化的科研环境中，自己进行自我教育，不断强化科研追求的过程。

在新时代高校创新改革的背景下，大学生的自主科研意识有了很大的提高。他们通过自我教育，端正自己的科研态度，修正自己的科研行为，在实践中不断提升科研能力，坚定自己的精神追求。教师在进行科研育人时，要改变过去的单向灌输，以学生为主体，引导学生自觉地通过科研来完善自己，激发学生建立起自我科研的意识，增强自己的科研能力。教师还要引导学生积极回应现代科技创新热点，鼓励学生自觉发表科研的观点和见解，让学生有更多的科研自主权。此外，在高校科研育人实践中注重自主育人，要注重培育大学生的自信、自立、自强、自律精神，使自育能力得到全面发展。

2. 构建典型示范体系

在高校科研育人工作中，表现突出的先进科研团队、先进科研个人，形成了具有特色的育人经验，我们要以他们为典型，让他们起到引领示范以及辐射作用，形成“蝴蝶效应”。典型示范引导通过树立先进科研榜样的事迹，引导大家以他们为模范，积极践行科研育人要求，通过外在力量的影响，引导高校师生将科研育人理念融入到日常学习生活中，实现自我驱动。

（1）言传和身教相结合。“言传”就是教育者以言语讲解，用生动形象的语言践行科研育人的价值理念，潜移默化地影响他人；“身教”就是教育者通过自身的行为把科研育人的行为导向用实际行动展现出来。高校各级领导干部要注重言传身教的引领示范，形成强有力的群体效应和带动效应，把科研育人的价值理念外化为行动追求。

（2）积极推广践行典范。典型示范起到效果的前提条件是能够引起育人客体的共鸣，即情感上的认可和心理上赞同。高校科研育人主体要加强对育人规律的探究，特别是要了解科研育人客体的心理特点及思维认知，把握其心理需求和心理特征，以此调整育人策略，针对性地选用典型标杆来实现科研育人的实效。一般来说，众人的行为会受到所处环境的影响，通过典范来引导他人践行科研育人不失为一种好方法。针对目前高校科研育人的思想困惑问题，打造“现身说法”团队，大力培养典型个人、典型团队，通过先进事迹报告会、表彰会、座谈会等形式，对科研育人的先进典型事迹进行宣传，从而促进高校师生科研工作者的效仿。

7.2.3　构建“内部+外部”双向合作的育人方式

虽说高校科研育人在我国当下主要责任主体在于高校，但这只是科研育人初期的责任划分。高校科研育人的发展是动态性的、实践性的，必将因为实践而做出一系列的调整与优化。这其中，关键的一点在于强化科研育人的“内部+外部”双向合作，科研育人应当摆脱高校单兵作战的尴尬状态。毕竟，高校科研育人在信息交流形式上的应然状态应该是开放性的，并非封闭式的，因此，科研育人需要在交流中不断发展。封闭并不能促进发展，反而会阻碍信息交流、阻碍做强做大。科研育人的科学、持续发展离不开强化交流与合作。高校科研育人不应该将科研育人的职责全部交于高校，还可以通过内部合作、外部联合等方式为科研育人保驾护航。

1. 强化学校内部各院系及职能部门的合作

高校需要建立科研育人新机制，统筹规划，着力打通专业学科壁垒，整合育人力量，将科研育人工作融入教育、教学、管理与服务中，营造人人是育人主体、处处是育人课堂的科研育人环境，构建一体化育人体系；落实学校、职能部门、院系三个层级的科研育人工作体系，学校部门院系之间要同心同向聚合力，统筹推进协同育人。一是各院系之间的跨学科科研育人。学校内部要整合院系资源，发挥各自在学科方面的优势，联合互补共同科研育人。构建自然科学与人文社科之间的跨学科科研育人、自然科学之间的跨学科科研育人、人文社科之间的跨学科科研育人。高校科研育人中人才培养的多主体协同机制是由高校、学院、教师、学生等主体共同组成的。教师与学生构成“教”和“学”的新协同关系，多个学科背景的师资队伍共同努力，将单一的知识灌输转化为多学科的知识讨论和协作，特别是交叉学科的科研育人实践往往以联合的方式进行科研育人。同时，凝练各院系的办学特色，总结各学科培养复合型人才的实践经验，形成高校跨学科科研育人的先进教育理念，以指导跨学科科研育人培养目标的设定和培养方案的制定。此外，系统整合科研与教学，以课程方式鼓励最新科研成果向教学内容转化，充分发挥科研育人的价值，促进科研资源向教学资源转化。二是校内各职能部门之间的科研育人。要加快现代高校科研育人制度建设，构建内部治理体系，加快推动学校各部门之间的科研育人。通过制度创新与建设，解决和协调好学校内部行政权力与学术权力、学校与部门之间的重要关系，构建以部门为主体，以学术权力为基础，以实现人才培养为目标的内部治理结构和权力运行机制。完善人才培养方案，从各环节的细节处落实科研育人目标。高校各部门间需紧密合作，消灭育人盲区与断点，互通有无，真抓实干，做大做强育人文章，全面提升学生的品格修养、人文素养，唱响时代最强音。

2. 强化不同高校之间的合作

在我国科研育人的发展过程中高校仍然是实践的主要主体之一，在科研育人中肩负着主要责任。因此，有选择地借鉴国外育人模式，通过建立高校科研育人联合培育模式，强化各高校之间在教学、科研、思想政治教育等多领域之间的交流与合作，从而达到取长补短、协同前进的效果。为提升科研能力，增加知识产出，越来越多的高校之间采取科研合作的方式，通过优势互补共同完成科研项目，创造出更多、更有价值的科研成果。但是高校之间开展科研育人的合作比较少，特别是缺少共同利用的科研育人机构。怎么办呢？首先，国家培养综合创新人才，提升科研成果产出，要求高校之间建立共同利用科研育人机构是非常必要的。其次，国家政策支持为共同利用科研育人机构的建构提供了基本前提；九校联盟（C9）、卓越大学联盟（E9）、北京高科大学联盟、高水平特色大学优质资源联盟、武汉高校联盟（7 校）等不同形式的人才培养联盟为共同利用科研育人机构的建构提供了合作基础。目前存在的高校培养联盟多数建立在课程资源共享、学分互换、学生交换交流等方面，几乎没有涉及到共同科研育人；资源禀赋的互补性为高校共同利用科研育人机构的建构提供了积极条件。最后，高校共同利用科研育人机构作为一种正式而又复杂的育人活动形式，需要政府支持、资金投入、良好的制度安排和机制保障，尤其在合作机制方面，应坚持完善和创新，以适应高校科研育人合作在新形势下的要求。因此，创新高校共同利用科研育人机构的机制尤其重要。包括但不仅仅包括组织协调机制、信息沟通机制、激励约束机制、风险分担机制、利益分配机制等内容，正是这些具体的运行机制保障了区域高校科研合作的实现。因此，一是积极完善各项科研政策。当前国家层面的科研政策较多，也比较完善，为高校共同利用科研育人机构提供了完善的法律和政策依据，有力地指导了区域高校科研合作的开展。高校共同利用科研育人机构根据实际情况，独自或联合制定详细的科研育人合作政策，确保政策的完整性、可行性以及一定的弹性。二是创新信息沟通机制。构建科研信息互联网平台，使有价值的信息得到有效传播。还应建立定期正式沟通制度。三是创新组织协调机制。高校共同利用科研育人机构应注重人才培养，建立可行的人才共育机制。例如让青年教师更多地承担起科研育人的主导任务，在沟通协调中提升综合素质；推行硕士研究生、博士研究生双导师制度，通过双导师的指导，使研究生知识面得到拓展，研究水平得到提升，思想政治教育得到加强。通过人才共育机制，培养综合性科研人才，也是为高校科研储备最重要的后备力量。四是高校共同利用科研育人机构还需完善监督约束机制，有利于培养学生的科研项目或者有学生参加的科研项目在共同机构中推进；此外，高校共同利用科研育人机构还涉及风险分担和利益分配等方面的机制，都应该在实现或者运行中进行完善，只有这样才能推进高校多种主体联合培养科研人才协同创新模式。

3. 强化科研机构与高校之间的合作

复杂形势对于科研机构和高校自身能力的挑战使得科研机构与高校在人才培养的互补性、学科基础的差异性、研究导向的特色性等方面具有了合作基础，使双方合作存在可能性和必要性。政府部门牵头推动科研机构与高校协同合作，把各自为战的状态转变为强强联合作战的态势，以达到资源优化利用、互惠互利的目的。合作包括：一是合作的形式。科研机构与高校合作可通过搭建交流平台，组建战略联盟，成立研究机构和管理部门等形式展开联合培养人才。二是合作的内容范围。科研机构与高校合作的内容范围主要包括课题项目的合作研究，信息资料的共享，人才培养与交流等。科研机构对高校的教学、科研、人才培养进行全方位的参与与指导，特别是在科研项目上给予一定的重点扶持，以提升高校的科研水平、人才培养质量；高校对科研机构予以多学科人才资源和场地支持，以提高科研机构的科研服务能力、创新能力和可持续发展的空间。三是合作的措施路径。科研机构与高校合作需要政府牵头、相关法律法规支持、相关政策和配套措施支持、合作平台和机制的建立等保障措施。加强双方合作的制度建设，如联席会议制度、相互聘任制度、联合研究制度等。经费投入也是双方合作面临的一个不可忽视的问题。巩固和拓展合作交流平台，完善专家资源库建设，增加人员交流方式，畅通“引进来”与“走出去”的渠道。例如，双方合作中应明确：科研机构与高校进行科研项目的合作时，科研团队的组成人员应当包括优秀大学生，这样有利于形成“科研+育人”的双向发展机制，在具体效能上显现的较为直观，能够在很大程度上促进科研育人的发展。

7.3 高校科研育人的机制创新

高校科研育人要把突出育人导向落到实处，必须要在以制度建设为核心的体制机制上下功夫。高校科研育人的机制创新主要是通过什么机制去发挥作用以达到育人的最佳效果。

7.3.1 坚持文化价值的引领机制

完善科研育人的引导机制属于思想政治教育的机制范畴，其体系建构应坚持思想政治工作的政治方向和育人特色，[①] 建立健全科研育人的文化引领和价值引领机制，以文铸魂、以价值凝神，推进科研育人取得实效。

1. 建立文化引领机制

高校科研文化通常是由高校的教师、学生以及校园学术环境所形成的一种独特的文化价值取向，表现在热衷于文化知识的分享，崇尚学术民主，潜心学术研究，恪守学术道德，追求科学真理等方面。科研文化是一股强大的精神力量。构建彰显校本特色的科研文化机制对促进高校科研育人至关重要。

（1）营造良好的科研环境。一是完善各项科研奖惩制度，打造风清气正的科研环境。加大廉洁文化建设，破除科研“圈子”文化，整治无实质的“挂名”乱象，抵制科研项目“人情评审”风气等；二是营造浓厚的科研文化氛围。每所高校在长期的办学过程中都有彰显本校特色的文化底蕴，形成了独特的文化氛围。高校定期举办各种各样的讲座、培训、报告会、座谈会等活动，把活动制度化，覆盖各个学科、各个领域，打造文化与科研的前沿阵地。

（2）打造主流文化。通过开展丰富多彩的文化活动，宣传学校的科研精神，弘扬钱学森、袁隆平等科学家精神，形成尊重人才的良好氛围，耳濡目染地影响广大师生的道德规范和价值理念。再次，弘扬科研文化。充分利用校园文化长廊，通过海报、漫画、校园橱窗、校报等纸质传媒形式宣传科研，打造科研大走廊；充分利用校园网站、微博、电子显示屏、校园广播等网络媒体介绍前沿科学，如嫦娥、神舟、蛟龙、鸿蒙等现代科技信息……满足大学生的阅读期待。

（3）形成品牌文化。一方面，强化科研基础设施，更新科研仪器设备，打造高水平的实验室和研究基地，成为品牌科研文化的创新高地。科研设备是科研育人实现跨越式发展的基础，也属于科研文化的一部分。先进齐全的科研设备，有助于提高科研水平和效率；学生遵守管理规定，规范使用科研设备，有助于发挥学生参与科研的主观能动性，提高学生的综合素质。另一方面，宣传为科研奉献、为科研探索的杰出校友以及教师，形成科研品牌文化。高校科研文化产生于科研育人实践，具有传承功能，同时对促进科研育人实践

①范五三，谢兴政．新时代高校建构科研育人体系的动力机制［J］．中国高校科技，2018（7）：43-45.

起到推动作用。建设良好的科研文化环境需要顶层设计，各个部门齐抓共管，久久为功，方能起到事半功倍的效果。

2. 坚持价值引领机制

高校科研育人作为一个系统工程，涉及诸多内容，构建以思想引领为先导，认同育人理念，以政治方向为前提，把握育人方向，以思想政治教育为主线，实现全程育人，以育人为根本，增强育人实效的科研育人体系。

（1）以思想引领为先导。提高科研育人质量的重要抓手在于提高师生对科研育人理念的认同，践行“科研思政”的理念，把思想引导摆在第一位，建立齐抓共管，层层落实的长效机制。从整体性和实践性的角度加强科研育人顶层设计的统筹谋划，形成思想共识，既明确主体责任，又整合各类资源。高校各级领导干部要在增强思想保障、健全组织保障、强化效能保障、夯实科教基础等因素的基础上，结合新时代科研育人精神和各自学校的办学定位、办学特色，构建立体化的高校科研育人体系。

（2）以政治方向为前提。高校要始终强调科研育人必须以马克思主义为指导，不断增强教师、学生的政治意识，树立正确的科研政治方向。树牢科研为人民服务、为社会主义现代化建设服务的思想，以政治方向定位价值取向、学术导向。在全体教师、学生中开展形式多样、内容丰富的政治理论学习活动，组建理论学习小组，推动理论思想向科研工作者拓展。高校要组织教师、大学生深入学习习近平新时代中国特色社会主义思想，引导他们坚定理想信念，培养他们的家国情怀，树立“从事科研者必爱国”的政治意识以及“育人以国为先”的教育思想。

（3）以思想政治教育为主线。教师、学生的思想政治工作是开展科研工作的思想前提。高校科研育人要坚持把思想政治工作贯彻于学生工作全过程，不断创新思政育人形式，丰富思政育人内容，构建思政育人平台。首先，思政教育要覆盖教学全过程。高校科研的主阵地在课堂教学，要把思政教育贯彻在教学的课前、课中、课后等每个环节，贯穿思政育人全过程。科学研究是课程专业学科的基础，要大力挖掘每门课程、每个专业、每个学科的思政元素，发挥高校科研活动的思政功能，形成“科研思政”育人体系，提升高校科研育人的质量。其次，思政教育要覆盖科研每个环节。从科研选题、科研申报、科研立项、研究过程、论文成果等，科研的每个过程都要加强思政教育。最后，强化对高校科研育人主体，客体的思政教育。要明确导师在科研过程中的主体责任，把立德树人作为根本任务。高校在建立“科研思政”的制度中，要把“科研思政”成效纳入导师个人考核评价中。此外，高校科研育人还要积极拓展网络思政教育阵地，形成思政教育全方位。

（4）以育人为根本。坚持“育人为本”的价值取向是增强高校科研育人有效性的关键。坚持“育人为本”，就要尊重学生主体性，满足学生的现实需要，促进学生全面发展；要把科研的社会价值与个人的发展价值有机地统一起来。首先，以育人为本，创新科研育人的内容体系，实施互动式、参与式科研，构建全员育人的良好环境。其次，构建一种科学、有效的科研育人平台运作机制，以人为中心，提升科研育人的创新价值。高校构建一种有效的动态协调机制，以及师生互惠双赢的动态机制，符合人才培养规律的特征。在进行科研育人工作中，从实际出发，把人的利益放在第一位，真正实现科研育人。坚持“以育人为本”，人才培养质量才会不断提升。高校科研育人是为了人，也是依靠人来进行科学研究和育人的。育人是科研育人的根本。

7.3.2 崇尚伦理道德的内驱机制

伴随着复杂的思想活动和充满活力的道德活动，建立内驱机制是为了满足社会创新人才培养的需求。内驱机制着眼于实现人的全面发展，即发展愿景和精神激励，是为了满足高校师生对自身科研的诉求。

1. *以科学精神引领传承机制*

精神作为文化内容的一类，具有传承的作用，这是精神的品质内涵。一个具有良好研究氛围的科研团队，在常年的科研工作中，容易形成诸如艰苦奋斗、谨慎细微、无私奉献、精诚报国等科学精神，而且会在一定的科研圈子形成影响力。基于科学精神所形成的文化，会强烈影响科研工作者，不断冲击其心灵，或者润物细无声地感染科研工作者，从而完成精神传承。因此，要注重科学精神的继承性与沉淀性，提升大学生的研究能力。不仅科学具有继承性，科学研究这种行为也具有一定的沉淀性与继承性。这主要体现在两个方面：一方面是科研方法的积淀与传承。在高校科研育人的实际过程中，经常会出现一种情况，即以师门为基本单位所形成的科研团体。尽管科研团队的组成人员基于毕业离校等原因处于变化当中，但是他们在长期的科研工作中，形成的一些较好的科研方法、好的经验总结，会一届接一届地传承下去，具有稳定的传承性。这种传承性在科研育人中能够起到有效的作用。另一方面是研究氛围、精神及素养的传承。基于师门的科研团队经过长期的积淀而形成的良好的科研氛围、科学精神和科研素养，能够对团队成员的道德、品格、思想素能等方面产生积极的影响。

高校科研育人在本质上体现了对大学生实事求是、开拓创新、艰苦奋斗等科学精神的培养。首先，科学研究是人类探知真理的过程。而探知真理的活动有两个必须遵循的前提要素：一是具有渴望真理的内心动力，亦即“求知欲”；二是容易触发其认知真理的行为动力。两者不可或缺，均是科研工作者必备的前提要素。基于此，高校科研育人要引导大学生去探知真理，并在真理探知的过程中，潜移默化地影响学生渴望真理及探知真理的内在动力，激发其外在行为，助力其成长。其次，科学研究是明辨是非的过程。科研不会够顺风顺水，其更像是一种螺旋状态下的曲折上升过程。换句话说，科研本身是一种“试错”行为，需要不断地对事物进行去伪存真。这种科研过程中的特有状态能够培育大学生明辨是非的本领、去伪存真的勇气、实事求是的科学精神。

科学精神是人们在长期的科学实践活动中形成的共同信念、价值标准和行为规范，表现为对科学的不懈探索、对真理的誓死捍卫、对创新的真挚尊重等等。高校科研育人并不仅仅传授一些普通的科学知识或者展现科学技术的成果，还要在科研过程中尽可能地提供一些环境和空间，营造浓厚的学术氛围，使大学生耳濡目染地受到科学精神的熏陶，从而激发大学生不断追求科学高峰。另外，在科研活动中进行科学家宣传、科学精神教育也是一种很好的启发方式。前辈们用自己的行为和科研作风直接或间接地阐释了什么是科学精神。总之，高校科研育人从尊重大学生次主体的角度出发，以科学精神的持续力量去激发大学生对科学精神的不懈追求，从而达到育人的目的。

2. 以科学道德规范育人行为

科研活动遵循一定的科学道德，科研活动的实践能够促进科研道德的养成。科学道德养成内容包括科学相关道德的养成、立德树人两个方面的内容。首先，科学道德的养成。高校科研育人所追求的就是塑造具有高尚科学道德的人。科学本身所形成的端正的科学态度、严谨的科学作风等道德品质，直接影响着科学研究的成就。科学道德是在科研活动中必须遵循的行为规范，是保证科研顺利开展、获取优秀科研成果的重要保障。其次，科学道德蕴含着立德树人的内涵。一是理想信念。教师在科研中要引导学生树立远大的理想，激发学生奋发有为、开拓进取，为实现中华民族伟大复兴贡献力量；二是价值观念。价值观念是对科研的认知和看法，对科研动机有着明显的导向作用。教师在科研开始之初就要有意识地帮学生扣好“第一粒扣子”。三是高尚品德。高尚品德是科研人的立身之本。品德高尚、言行一致的教师才能赢得学生的尊重，才能以垂先垂范的品格引导学生树立守法奉公、敬业奉献等科学道德。四是综合素能。立德树人的落脚点在树人，不仅要求大学生要具有远大的理想、正确的价值观、良好的品德，还要求具备过硬的专业素质、能力及知识储备。

科学活动是能动、心智的活动，是创造性、探索性的活动。科学不是一种客观的、经验的存在，而是真理、道德的统一。从事科学研究不仅是致知，也意味着体验，让科学“出乎其心，入乎其内”，从而改变人的品质。总之，科学具有修养身心、规范行为，甚至是改变人的生活方式和人格的作用。科学家、科学大师之所以具有与众不同的高尚品格，与他们对科学事业的执着探究精神分不开。科学研究与道德修养是相辅相成、相互促进的。

高校科研育人要注重以科学道德以及科学道德所蕴含的立德树人来驱动学生参与科研，方能致远。

7.3.3 创新实践平台的外驱机制

高校科研育人需要有社会实践平台的支持。人类对客观世界的认知，社会实践活动对客观世界的转变，更多地来自于外部实践平台的驱动作用。因此，要形成以实践促科研、以实践促育人的外部驱动机制。要围绕高校师生开展相关科研实践活动，创建育人实践平台，建设校内与校外相结合的实践基地，提升大学生社会实践的有效性。

1. 深化科研育人实践活动

为了适应高校师生对科研育人实践路径的主体需要，需要科学、合理地设计内容丰富、形式多样、各具特色的科研实践活动。一是以科研项目为基础，深化科研育人实践活动。引导广大师生自觉地参与到有关科研项目的实践中，参与到挑战性、前沿性的科研项目中，让学生真实感受科研活动的相关制度的规定，提高学生的创新能力。二是以先进理念为核心，深化科研育人实践活动。将科研育人的理念贯穿于师生全面发展的整个过程，使广大高校师生在拓宽学术视野、提高科研实践水平的同时，了解学科前沿的发展动态，真正使科研育人的价值理念得到深化和升华。同时，要擅长运用现代教育思想、新颖的教育方式，为科研育人的理性发展凝聚科学研究的力量。

2. 建构科研育人实践平台

高校科研育人实践平台是推动科研育人工作的有效载体，在充分发挥科研实践平台的重要作用，使科研平台在培养适合高校办学特点人才的同时，要实现资源优化配置、资源共享。平台给科研成果转化以及创新科研育人工作提供了良好的环境和条件。一是打造多层次的实践平台。以创建科研教学示范平台为重点，以大学生科研创新培训平台为抓手，以社会实践平台为基础，以校内外科研实践平台为中心，形成以科研育人为导向的综合性育人实践平台；二是开辟科研实验室，进入科研企业，参观考察科研场所，打通更多科研育人实践通道；三是要加快科学研究成果及转换，为当地创新能力和经济发展提供更好的价值归宿和技术支持，为研究设施和仪器管理建设网络信息和服务平台，做到开放共享。通过拓宽科研实践平台，使大学师生在长期的科研实践中，更加规范化、科学化、常态化地加深科研育人理念的实践，提高对科研育人理念的理解与深刻认知。这样，科学研究育人的质量提升系统工程将会得到有效推动。

3. 完善科研育人实践制度

高校科研育人是一项实践性极强的活动，只有建立健全科研育人长效实践制度，才能确保科研育人工作行稳致远。因此，以立体化的实践体系为目标，以多层次的实践制度为保障，完善高校科研育人实践制度，提升科研育人质量，是新时代高校改革创新的重要任务。无论是政府、社会、高校，都要加强引导科研育人的实践活动，加强建章立制，加强实践管理，对科研育人实践活动的各环节进行规范。根据当前社会发展和高校科研育人的实际情况，以问题导向，创新实践制度，进一步修订完善相关规章制度，用法律法规规范科研育人的价值取向，强化责任意识。尤其要通过法律体系，强化对提高科研育人实践的保障与支持。

4. 构建科教融合、产学研协同育人机制

（1）科教融合机制。高校科研育人注重教研结合，将优秀教学资源转化为科研创新，将科研创新转化为提升教学质量，走出一条教学与科研相融合的发展道路。为此，一是建立互联网+智能教学制度，增加知识供给容量。充分利用信息技术强化教学效果与质量。基于大学生对新媒体的接受度较高的特点，运用互联网+拓展教学方式与载体刻不容缓。通过信息平台教学、多媒体互动工具教学、线上线下相混合等方式，提高大学生的接受度和教学质效，增进学生的理论与知识，为科研能力的提高筑牢基础。二是建立选拔更多富有科研成果的教师参加教学工作的机制。一般来说，从事科研的教师具有科学的思维方法，有打破常规的创新精神。这些教师把学科的前沿知识融入教学，既丰富了教学内容，又激发了学生对课程的兴趣，达到开拓学生的视野与思维，引发学生积极思考的目的。同时，这些教师在教学的过程中，自身的综合素质也会得到提高，达到教学相长的目的。

（2）产学研协同育人机制。构建产学研协同育人的体制机制，将产学研协同的思维贯穿于高校科研育人始终，是加强新时代高校科研育人的重要举措。科研与经济社会相融合，同进步，共发展。恩格斯曾经指出："社会上一旦有技术上的需要，则这种需要会比十所大学更能把科学推向前进。"这说明，技术的产生与发展，要契合一定时代下的经济及社会发展需要，并因此迸发出强大的力量。坚持科研走进生产车间，走进田间地头，走进社会大众进行育人，加强探索适应社会发展趋势及经济需求的研究项目。这不仅能够促进经济社会的发展，而且能够带来较大的市场效益。

7.3.4 健全多元激励的评价机制

高校科研育人评价机制是提高育人主体、客体积极性的必要手段。高校科研育人存在多元主体，其中最主要的就是管理人员、教师等，学生被视为次主体，一般也称客体。评价机制着重于主体与客体相结合的混合激励机制，坚持主体、客体间的协同，形成多层次的混合激励机制。高校科研育人的混合激励机制是物质激励与精神激励相结合的激励机制，物质激励是保障，精神激励是动力。高校往往以奖金或津贴为主的科研奖励方式，满

足主体客体的物质需求；同时，还会以表扬或通报表彰为主的科研奖励方式，满足主体客体的精神需求。高校可设立科研育人物质奖励基金或精神激励表彰，根据科研育人的各阶段或整体任务目标的育人效果，制定详细的奖励基金或表彰分配办法。

1. 完善育人主体的激励机制

（1）完善教师配置激励制度。随着当前高校人才吸纳的高层次现状，高校青年教师队伍的人才层次普遍较高，如：具备博士研究生学历，有相当数量且高质量的学术成果等。事实上，高校的准入门槛逐渐增高，在青年教师进入高校之初，便对其科研能力进行了考量。大量的青年教师具有科研的精力与能力，且因为其年龄、个性等与大学生差距不大，思维比较活跃，容易与学生沟通打成一片，受到学生欢迎，在科研中育人效果会更佳。可惜的是，受制于客观因素，青年教师难以获取较高层次的科研项目，且难以参与到科研育人当中。相比之下，具有一定资历与高职称的教师，比较容易获得科研项目，但是他们时间精力有限，在科研育人的过程中，往往略显力不从心。基于此种状况，“应当建立科研育人的教师配备制度，选拔更多青年教师加入其中，并在科研资金及项目申请等方面予以一定的政策优惠，从而提升育人质效”。① 一方面，设立高校科研育人青年基金。对于主动参与高校科研育人的青年教师，高校要给予资金支持；另一方面，职称评定向参与高校科研育人的青年教师倾斜。另外，相关部门应继续扩大青年教师申请科研项目的范围，更大程度上出台更多激励机制，支持青年教师参与高校科研育人。

（2）完善差异化激励机制。高校科研育人过程中，存在部分教师付出多，部分教师付出少；部分教师育人成效明显，部分教师育人收效甚微；部分教师指导学生参与具有挑战性的重大科研项目，部分教师嫌弃学生能力水平差，仅限于带领学生走马观花且形式主义严重，没有把科研育人当回事；部分教师亲自参与指导学生科研，部分教师完全是甩手掌柜，坐等研究成果，等等现象。因此，高校科研育人不能仅仅建立在良心上面，需要建立差异化的激励制度，从精神、物质或者科研经费补贴等方面予以激励。激励制度可分类、分层次进行细化，把付出多、成效明显、指导学生参与重大项目、亲自参与指导等作为奖励的最高等级，依次为中间等级、低等级。通过建立完善差异化激励制度，促进高校科研育人走实走深。

2. 完善育人客体的激励机制

大学生参与科研的热情与积极性直接关系到育人效果。由于大学生群体具有特殊的心理机制特征，只有激励，才能更好地激发其积极性并充分发挥大学生的价值，从而推动其个体为了科研目标为奋斗。

---

①熊枫. 科学研究支撑大学人才培养政策研究［D］. 沈阳：沈阳师范大学，2019.

（1）设置多样化的激励机制。应当选取具有一定专业方向的科研育人项目对学生予以专业匹配，调动其求知欲，设立一定的奖励机制，落实物质奖励机制，特别是以研究生奖助体系为主、多样化奖优激励机制；另外，精神激励机制也不可忽视，精神激励中的荣誉激励、关怀激励、期望激励等激励方式，是激发学生参与科研内在热情的重要手段。相比于物质需要，学生更注重精神需要，重视自己自我价值的实现。

（2）注重环境激励。通过开展一些可以量化指标的趣味性科研育人活动，打造轻松的科研环境。例如参观红色文化基地、考察科技博物馆、采访科学家等实践活动，使学生感受到榜样的力量，也属于环境激励的一种。此外，高校主动关心和尊重主体客体，经常性地进行情感交流与沟通，营造融洽的育人气氛，这种环境激励将激励作用和教育作用相结合，会起到意想不到的效果。

3. 完善育人评价机制

高校科研育人理念提出以来，在推进和保证科研育人的持久性方面进行了积极探索，各级主管部门、教育机构和社会组织根据时代和形势发展的需要，制定了与高校实际相适应的评价指标。高校科研育人的评价机制作为评判标准和制度保障，引导高校师生不断践行科研育人理念。

（1）加强评价机制建设。高校科研育人理念要想获得大家的认同，就要以科研育人的评价机制来强化科研育人理念，真正解决大学生在科研育人进程中遇到的困难，使科研育人的价值观念转化为制度化规定。高校科研育人质量的保障在于加强评价制度的构建，并形成多元化、市场化的评价系统。在新时期，加强科研育人的综合评价，要以育人质量为导向。根据不同层次、不同对象、不同成果，以及各自高校的办学定位和人才培养特色，实施“差别化”的评价标准和办法。以系统化、动态化、循环式为核心，建立弹性与硬性的评价机制，构建高校科研育人的综合评价机制。构建高校科研育人评价机制，既要遵循评价内容的适用性，又要遵循评价方式的客观性。此外，评估结果有效性、评估制度动态性等因素，也是高校科研育人评价机制建设应重点关注的问题。高校科研育人要建立科学的、符合时代要求的评价机制，破除不科学、不合理的育人评价机制，不断地完善科研育人评价制度。

（2）加强评价体系建设。各级政府、教育管理机构要树立正确的导向，坚持分类评估的原则，在制度设计、法规政策、教育体制改革等方面，突出导向，提升公信力，完善科研育人评价体系。高校科研育人要积极探索和优化科研育人的思想评价系统，并依据其现实及专业特征进行评估。同时，根据科研育人的实际情况，制订出一套合理的评价准则，从而形成一套完整的制度化、规范化、长效化体系。充分利用学生、教师、高校等对科研育人评价的影响，建立起立体互动、多元参与的科研育人评价系统。高校科研育人评价体系由评价主体、评价指标、评价方法等组成，“以能力为标准”，突出过程评价，加强素质评价，且各高校科研工作者的评价应从静态向动态转换。

7.4 高校科研育人的实践模式

人才培养模式改革是高等教育教学改革中带有全局性、系统性的工作。高校科研育人实行科教融合、产学研协同育人，将教学与科研有机结合，企业、高校、科研机构等育人平台协同育人，是新时代高校人才培养模式改革的要求。

7.4.1 科教融合的模式构建

科教融合是创新型人才培养的必然选择，是高校实施创新驱动发展战略的必然举措。科教融合要求高校在实施教育时，不仅要将科研融入教学之中，还要将教学融入科研之中，使教学与科研同频共振，共同发挥作用。高校科研育人科教融合的模式从创新教学、开展合作交流与实践两个方面进行建构，打造科教+第二课堂+大数据平台三位一体的协同育人模式。

1. 创新课堂教学

科教融合主要表现在教学内容的丰富、教学方式和手段的更新、教学组织形式的改变等方面。①

（1）教学内容前沿。科教融合的课堂教学要通过采用新颖的学习方法和研究方法，来掌握丰富的基础知识和前沿信息，达到培养创新型人才的目的。因此，教学内容的选取要符合学科专业的要求，要与时俱进，反映最前沿的学科知识，还要清晰明确重点突出，特别是教学内容要全面。

（2）教学方法多元。科教融合的课堂教学有着创新性、探索性等教学特点，决定了科教融合的教学方法区别于课程的教学方法。对于抽象教学内容的学习，唯有创新科教融合的教学方法，才能使学生更易于理解和接受。基于科教融合的理念，在教学方法的选取上要强调教学的学术性。教师在进行教学时，要改变传统“填鸭式”的教学，采用探究启发式教学、情景模拟法、案例教学法等教学方法，根据学情，综合选择运用多种教学法。此外，要善于总结学习和科研方法，特别是要向学生传授科学研究方法，使教学和科研有机结合起来。

---

①任旭东，马国建．新时代高校科研育人理论与实践［M］．镇江：江苏大学出版社，2021：24.

（3）教学手段先进。在科研育人实际应用中，用信息化的教学工具呈现众多实验数据、复杂的虚拟仿真软件等，会让学生更直观地了解学习内容。科教融合的课堂教学采用个性化研究教学效果将会更加明显。个性化研究教学主要是通过多种教学手段，激发学生的自主兴趣与动态。运用各种教学方法，从个性、兴趣、发展的目的出发，挖掘和利用学生的潜力，培养学生的个人能力，推动学生全方位、个性化成长，形成“以学生为中心，以探究为导向，以教学研究为一体”的教育教学模式。

（4）教学组织形式多样。科教融合的教学组织形式把科研的育人性和教学的学术性相结合，把科研育人的现实情况和课堂教学的实际情况相结合。目前，比较常见的有探究式课堂教学、小组合作式课堂教学、理论与实践相结合的实践育人模式、群策式课堂等形式。一是探究式课堂教学。探究式课堂教学是以学生为中心，以启发式的教学方式为核心，围绕教学内容进行的课堂教学。课前告知学生预习，课中引导学生思考，并就教学内容进行交流和讨论；课后教师分析总结所教内容和科研学习方法。以学生为中心的探究式教学，是师生双方的学习过程。教师在教学过程中会得到研究启发，而学生在提高自身素质和能力的同时，也会得到启发，达到教学相长的效果。二是群策式课堂。群策式课堂是指以自主、合作、探究为主的群策式学习方式，在整个课堂教学过程中，以教师为主导，以学生为主体的课堂教学模式。群策式课学是教师主导与学生主体性有机统一的过程。群智群策碰撞教研思维，一课一研，把教学与科研有机融合，属于科教融合高效课堂。群策群力教学是以科研项目学习为驱动的课堂教学形式，是贯彻科教一体化思想的一种有效形式，可充分发挥集体的群策群力和协作精神。群策式课堂对当堂所探讨的教研项目进行了巩固和内化，并通过一定的训练使之学以致用。协作学习的有效性受到教师对教研任务设计的科学性和合理性的影响。教师设计教研任务要有适当的难度，设计的科研活动要考虑到教学目的是否能得到实现。教师根据教研内容，组织学生分组合作进行群策式教学，其中有针对性地选择有教研价值的内容是关键。此外，教师要根据研讨的科研课题，给学生提供相关的科研资料，使学生的小组合作具备一定的基础。

2. 广泛开展合作交流与实践

科学与教育相融合的高校人才培养模式，既强调教学与研究相结合，又强调教学与教学相结合，两者要结合得十分紧密。科研活动蕴涵着教学成分，主要包括课外科研性质的活动，如研究性课堂和参与研究性课题等，将教学活动纳入科研体系。

（1）打造研究性课堂。聘用校内外专家学者、企业家做专题报告，是打造研究性课堂的形式之一。通过定期组织学术讲座、学术讨论会、学术沙龙等形式，提高学生的科学素养。学生通过讨论交流获得启发，从而获得新的主题和新的创造；还可以接触到新的研究成果、新的教学形式，激发科研的兴趣；教师通过讨论交流，将自己的科研成果共享给学生，使学生在培养学术兴趣的同时，也能体会到学术的魅力；专家学者还可以通过讲座的方式来阐述课题的特点、理论和方法，从而激发学生的研究兴趣。从高校人才培养的角度来看，科教一体化的研究性课堂扮演着举足轻重的角色。

（2）参与研究性课题。师生共同参与科技创新团队建设和参与科研创新训练，建立一支师生共同参与的学术科研队伍，构建师生参与各类学科科研课题的模式。一方面，由学校组织研究性项目，选择学生参加，教师指导学生完成；或是学生自己选择研究性项目，由教师来评价这些项目。高校组织大学生科技创新活动、大学生创新创业计划等活动，就属于此类研究性项目。另一方面，学生参与教师申请的科研项目，或是参与调查问卷研究，或是进行师生项目合作，能让学生真正参与到最尖端的科研项目中。师生共同参与科研项目，可以提升大学生的各类素质，提高大学生分析以及解决问题的能力。在这种新的研究环境下，学生可以了解前沿科研理念，得到科学研究的训练机会。

3. 构建大数据信息平台

面对科教融合信息化不断发展的形势，各高校要构建学习资源系统、学业导学系统、心理预警系统、精准资助系统、第二课堂系统、学科竞赛智慧管理系统、评价系统等科研大数据一体化平台，提升教育决策支持能力，精准对接学生发展需求和个性差异，促进靶向精准育人。

大数据信息平台可以提供多形式的支持服务。一是通过实现信息共享，打通人才培养各个环节，从而快速发现、诊断育人过程中存在的不足，为学生、学校以及教师提供多维度的育人参考。二是全方位展示各类课程数据，学生实践实习情况，通过数据反馈及时发现问题、解决问题。三是通过图形化、形象化的数据呈现，进行实时指导、互动交流，弥补数据无法读取情感的不足，提供精准育人，让大数据平台也显示出“温度”和“爱心”。

只有深入推进科教融合发展，发挥第二课堂育人实践，积极利用可视化和大数据分析技术，凝聚各主体合力，才能建成科教+第二课堂+大数据平台三位一体的协同育人新模式，实现高校治理能力和治理体系的现代化。

7.4.2 产学研协同育人的模式构建

高校产学研协同育人是科研育人实现社会实践教育功能和价值的有力支持，是实现高校学生转变成社会人的有效途径，推动学生进行有目的的、系统的、持续的学习活动，促进其知识、态度、价值和技巧上的提升，保障学生顺利就业。构建产学研协同育人新模式，是新时代高校应对新形势、新挑战下实现科研育人的有效途径，也是培养学、德、才兼备的应用型科技人才的必由之路，对提升人才的国际竞争力和国家硬实力具有深远的现实意义。

1. 构建产学研协同育人新模式之一

数智化+产学研协同育人模式：产学研协同育人各主体的合作，积极顺应了数智化的时代潮流，基于数智化产业的升级转型，进行育人模式的全方位变革，从而形成一种适合时代需求的新模式。

（1）人才培养要站在时代前沿。为了顺应时代发展的需要，人才培养必须要和大数据、人工智能、数智化相结合，创新育人模式发展之路。数智化转型是新生代企业的必由之路，同时也是高校人才培养、科学管理的必由之路，这给学校人才培养带来了新的发展机遇。在新一轮科技革命及产业变革的背景下，未来的人才需要适应四化：高度科技化、深度智能化、全面数字化、交叉融合化。人才培养方面应做到高校与企业的有效融合，实现人才培养的双向性。

（2）数智时代人才培养需要重塑学习模式。数智人才培养需要新模式，包括教学模式、教法模式、研究模式、学习模式和实践模式。人才供需融合、数智和专业课程的融合、数字场景和学习环境的融合、教研和产业的融合、双元双能师资融合；基于数智化的教学理念，促进线上线下教学一体化，进而实现高阶性和有效性的高效融合。

（3）双师团队一起共建合作。学校、企业、地方政府三位一体的育人主体；职业+专业+企业的三位一体的课程体系；选、用、创三位一体的运营方式。通过共建产业学院、共建应用型专业、共建实践基地、共建应用型课程、共建双能师资团队、共建科研与社会服务平台等举措深化产学研协同育人。通过课程共建、教材共建解决人才培养所需要的知识体系落后问题。

（4）拓展产学研协同科研育人资源。除校内外平台外，利用各地方政府、科技部门举行的科技交流会、人才洽谈会、产业博览会等契机，鼓励有条件的导师或团队组织学生前往参观学习，让学生了解技术前沿，激发学生动力。另外，建立多维教育教学资源共享系统，构建“公私共享、资源集聚”的平台，优化配置服务资源，激活闲置资源，积极利用企业资源。

（5）完善产学研协同科研育人平台

高校致力于打造产学研基地已经是未来产学研协同育人的一个缩影。而大学科技园、大学创新创业孵化器等产学研平台已经成为高校科研育人的崭新平台。此外，还可以以高等院校为产学主体，建立大学生产学结合产业园区，作为常规的大学生产业实践基地，使得大学生能够提前进入工作阶段，从而提升其内在竞争力。产学研协同育人实施过程中，鼓励有条件的科研团队组织学生走进企业，让学生更多地了解企业需求与企业的实际运营情况，便于学生在求学期间了解知识的所学与所用场景，树立学习阶段的理想与研究方向。不定期组织能力较强的学生与教师一起参加企业技术协同洽谈会，让部分学生在不影响学业的情况下加入课题研究。同时，将产学研协同科研育人纳入新生特别是研究生新生入学教育中，在研究生入学之初就了解校企产学研协同的意义，挖掘学生潜力。以校企产学研协同项目为基础，依托学校与企业的协作，将本校科技创新、创新创业等科技赛事与产学研协同项目结合，为参赛项目提供人员、经费、试验场地等方面的支持。

2. 构建产学研协同育人新模式之二

我国的科技创新工作主要是由各大高校机构、科研院所担任，企业与高校之间缺少链条式的联系，不能直接实现科技创新成果转化为生产力，因此在两者之间搭建良好的桥梁，构建新型的产学研合作共同体是解决困境的最佳选择。

德国的“弗劳恩霍夫模式”是一种特殊的、面向具体的应用和成果的企业创新模式，助推了德国工业创新能力的提升。基于高校产学研协同育人现状，特别是产学研三方合作层次不高、合作深度不够、合作资金不足、科研育人效果不佳等问题，可以借鉴德国的“弗劳恩霍夫模式”，构建我国的产学研+多元协同育人模式。

产学研+多元协同育人模式：构建政府资助，高校加入，协会管理，各行业研究所面向企业的技术商业化应用科学研究机构（以下简称科学研究机构）。

（1）以面向应用技术研究为导向

科学研究机构应聚焦于支撑产业发展的共性技术研发，针对相关行业进行应用性研究。在国家创新链条中处于基础研究与产品直接相关的技术开发工作两者之间，科研机构应努力成为连接两者的关键环节，使政府、企业双方都愿意为其提供支持。

（2）以鼓励技术转移为目的

鼓励掌握技术的科学研究机构的研究人员，携带技术进入企业开展工作交流，将技术诀窍转移到企业手中，融入企业的创新团队中，解决以往产学研合作中，企业受益较少的问题，提高企业持续合作的动力。

（3）以各主体协同合作为中心

科学研究机构下属的众多行业研究所之间可以采取分工合作的方式，为企业提供更有效和全面的解决方案。各学科、各领域之间的互相依存，要求研究所之间协同合作。与此同时，科学研究机构将研究所组成若干科研联合组，通过联合组内开展相关研究，就学科、专业、项目进行密切合作攻关，以适应当今经济和社会飞速发展对工艺技术的需求。针对某个核心技术进行研发和推广，这是一种行之有效的协同机构创新实例。加入协会的企业可以得到科学研究机构为企业“量身定做”的解决方案和科研成果。中小企业的深度加入能让科研创新更容易落地，资金和人才流动也更为充盈。

(4) 以全面系统的人才培养为基础

高校教师及大学生是科学研究机构的人员来源，确保了人员来源的稳定性、高素质和年轻化。因此，科学研究机构应鼓励大学生常驻企业内部开发项目。这一人才共享机制从根本上保证了创新人才的培养和转移，而“产学研”的本质就是创新科研人才的培养和转化。重视对大学生的实习实践，加强对大学生整体素质的培养，提升各个层面的社会竞争力，努力为大学生科技探索、实践和创新提供浓厚的学术氛围。鼓励研究生在企业实习中开展论文研究，这样研究生就可以从实践中挖掘选题进行研究，并在一线完成论文研究。事实上，许多硕士、博士的项目来源于企业实践，最终都会促进企业的创新，一些人还会进行专利的申请。因此，大学生成为促进高校与企业之间的桥梁，从而促进高校与企业之间的协同创新，实现“产学研”平台的真正实效。

(5) 以文化传承与价值引导为抓手

科学研究机构要注重营造可持续的风清气正的科研文化环境和人文精神，弘扬科学家精神，形成积极向上、开拓创新、崇尚学术、坚守诚信的良好氛围；科学研究机构还应注重价值引导，引导机构人员树立正确的世界观、人生观和价值观，在科技创新中坚守中国立场，弘扬爱国主义精神，倡导为建设世界科技强国而努力。

(6) 以新发展理念为主题

科学研究机构要洞悉当今最前沿的科技理念以及技术趋势。立足新发展阶段，贯彻新发展理念，构建新发展格局，助推国家高质量发展。同时，要有国家视野，面向国际的发展理念。在国外设立分支机构，开展国际交流与合作，了解国际前沿技术。

(7) 以开辟多元化的经费渠道为支撑

科学研究机构要开辟多元化的经费筹集渠道，打破以往“产学研”协同育人平台的资金短缺问题。多元化的研发经费来源主要包括地方政府资助、企业资助、高校资助、服务企业收费来源等，可保证经费的可持续来源。在多元化的经费筹集渠道中，可把服务企业收费作为重点发展方向。

(8) 以创新体制机制为保障

建立合理的科研评价、评估制度、注重对作出贡献的协会会员进行物质激励和精神激励。将“以人为中心、以学术为本”的教育理念落到实处，才能构建起一体化的评价体系和机制，进而激发人的积极性。

在全面建设社会主义现代国家的新发展阶段，产学研合作已经成为提升企业创新能力的主要路径，产学研+多元协同育人模式还需要各地政府从政策、体制、平台、环境等多方面多措并举，进一步促进产学研新模式落实生效。

结　语

高校科研育人已成为高校全员、全过程和全方位育人的至关重要的一个环节。为了进一步深化《中共中央国务院关于加强和改进新形势下高校思想政治工作的意见》的精神，教育部于2017年底印发了《高校思想政治工作质量提升工程实施纲要》，提出在当前的思想政治教育工作工程中构建十大育人体系，而科研育人就是其中一大基本任务。高校科研育人作为一种全新的教育理念，正越来越受到各大高校的重视。在“三全育人”、“大思政”育人格局、思政课程与课程思政协同育人的背景下，高校科研育人对于我国高校人才培养意义深远。

本书的核心问题是：高校科研育人为何？当代高校科研育人应该如何走出有术无道的低层次？如何更好地实现高校科研育人的目的？其内在机理是什么？纵观当前研究，大多仍停留在哲学思辨、观察内省、经验总结的层面，没有触及高校科研育人的内在运行机制层面。本文希冀通过该研究为我国高校科研育人提供可资借鉴的经验。

为开展本研究，本书采用了文献研究法、调查研究法、比较研究法、跨学科研究法等研究方法，初步建构起高校科研育人研究的理论框架。高校科研育人研究总体上由前提性概念方法界定、基础性建构育人机理、指向性现实问题、意在性解决问题四部分构成。前提性部分通过相关概念比较、理论借鉴、内涵挖掘、育人要素、必要性、价值意蕴，对高校科研育人及其研究进行界定，从整体上明确研究对象，划定研究边界；在此基础上指出高校科研育人问题的出场具有强烈的理论研究及实践活动需要和依据；同时明确了高校科研育人研究“从抽象到具体”的逻辑理路。基础性部分认定了高校科研育人研究的机理视域。机理视域从基本的构成要素出发，逐渐深入到要素间的关系、科研育人的环节、科研育人活动的运行与实现，最终深入到高校科研育人内在运行规则与原理。基础性部分是本文的难点，构建了高校科研育人的机理，是论文创新之处。指向性部分并没有局限于理论描述，而是力求在问卷调查的基础上，客观地、真实地、准确地探索了我国高校科研育人存在的挑战和困境，并探究其内在原因。同时，国外高校在科研育人中形成了丰富的经验，总结高校科研育人的成功经验以及先进理念，可为我国高校科研育人提供十分重要的借鉴意义。意在性部分回归高校科研育人研究的动因与本意，依据高校科研育人现状和外国经验，在此基础上对新时代高校科研育人的守正创新提出若干思路和策略，来回应“高校科研育人怎样育”这一根本性问题。高校科研育人研究的理论框架搭建起高校科研育人的系统性和完整性，也彰显了本论文的创新之处。

本研究依循上述理论框架，通过对高校科研育人全面客观地分析和研究，可以得出以下几点认识：

1. *初步揭示了高校科研育人内在的运行机理*

本书依据不同学科视角的心理发展过程、思想品德形成和发展过程、人的认识发展过程、思想政治教育机制、教育学运行步骤等理论，立足于人才培养和发展的规律，划分为组织设计、驱动实施、建构生成、检视反馈、提升改进五个环节，在教育的各环节引导全员、全程、全方位育人，保证科研育人的连续性和持久性。由此，高校科研育人的运行机理架构划分为五个环节：组织设计（组织机理）、驱动实施（驱动机理）、建构生成（作用机理）、检视反馈（反思机理）、提升改进（优化机理），各环节之间密切联系、交叉渗透，在整个高校科研育人过程中综合发生作用，形成动态循环的高校科研育人五环质量改进螺旋。高校科研育人五环质量改进螺旋，依托现代信息化育人管理平台，以目标管理为起点，以绩效考核为抓手，通过大数据、云存储、5G、人工智能、物联网等技术，快捷、准确地采集科研育人实施的过程数据，全程跟踪记录育人各环节状态，实时掌握和分析高校科研育人的工作情况，实现高校科研育人的内部质量保证和常态监测数据的动态管理，做到数据有分析、过程有预警、要素有对比、诊断有改进，提高了高校科研育人水平，有效实现了高校科研育人的目标。组织机理揭示了高校科研育人运行机理组织设计环节的内在运行规律和原理，是高校科研育人运行机理的灵魂；驱动机理揭示了高校科研育人运行机理驱动实施环节的内在运行规律和原理，是高校科研育人运行机理的关键；作用机理揭示了高校科研育人运行机理建构生成环节的内在运行规律和原理，是高校科研育人运行机理的核心；反思机理揭示了高校科研育人运行机理检视反馈环节的内在运行规律和原理，是高校科研育人运行机理的重点。优化机理揭示了高校科研育人运行机理提升改进环节的内在运行规律和原理，是高校科研育人运行机理的根本。

高校科研育人的运行机理使高校科研育人过程可视化，让高校科研育人的主客体清楚地了解每一个环节所存在的状态以及所取得的成效。高校科研育人运行机理可以将高校科研育人工作的抽象性转向具象化。现实中，高校科研育人存在不可量化的科研育人工作，高校科研育人运行机理将形象的育人过程摆在面前，无疑会为高校科研育人的思考、分析提供很大的帮助。高校科研育人运行机理为提出高校科研育人的创新路径提供了系统理论依据。

2. 初步探索了高校科研育人存在的一些挑战、困境及其原因

本书选取国内部分高校的部分师生为对象，开展问卷调查和访谈研究，获取高校科研育人的真实情况，分析国内高校面临的一些共性问题为：存在意识维度存在轻漫淡漠，价值取向上存在功利主义，育人方式传统单一，育人环境尚未形成，育人系统协同性不强等问题。高校科研育人存在的系列问题具有十分复杂的原因，其中主要受到育人理念滞后、育人内容空泛、育人合力未形成、育人制度不健全、育人渠道未打通等原因的影响。客观、真实的共性问题，为提出高校科研育人的创新路径提供了国内现状依据。

3. 初步总结了域外高校科研育人的成功经验

目前域外高校科研育人工作已经取得了较好的进展，并形成了以科研实践为导向的创新人才培育模式，尤其是一些发达国家高校，如美国的麻省理工大学、加州理工学院等都已经把较强的学科、专业科研能力融入到高等教育人才培养工作之中，有效促进了科研育人工作的发展。许多国家实施了科研发展的相关举措，如德国建立科研中坚机构，从而促进了科研素养的提升的方式；法国组建科研合作集群，推动“科研+育人”双向发展的模式；英国构建高校卓越框架，驱动科研人才培育的内生动力；美国主要通过整合多方科研主体，强化人才培育能力建设；日本则是通过政府或者高校联合，设立共同利用科研机构模式，以实现科教融合发展。这些国家的高校科研育人模式，基本是通过顶层设计建立健全科研工作的发展机制，从而达到提升大学生实践能力与培育科研精神的目的。客观上与我国科研育人具有异曲同工之处，能够对我国科高校研育人的科学发展提供一些经验与启示。国外高校在实践中形成了人才培养与科研工作协同发展、科研能力与科研修养并驾齐驱，推动科研育人的交流合作，以科研评估制度创新高校育人等成功经验，对我国高校科研育人有重要的启发，为提出高校科研育人的创新路径提供了国外经验依据。

4. 初步提出了高校科研育人的实践创新路径

面对新时代我国高等教育育人要求，本论文提出我国高校科研育人工作应从系统优化、方法创新、机制创新、模式建构层面实现科研育人的突破。第一，系统优化路径。高校科研育人是一项系统化的教育工程，其有效实施离不开较为系统化的发展策略，从组织、内容、要素、载体等方面提出高校科研育人的系统优化路径，从而提高育人的质量。第二，方法创新路径。高校科研育人作为整体性、综合性的教育工程，其方法的选取应当具有多向度、全面性及有效性，应当建立起“线上+线下”“自育+榜样”“内部+外部”“主体+客体”等方法体系，提升育人的效果。第三，机制创新路径。高校科研育人要把突出育人导向落到实处，必须要在以制度建设为核心的体制机制上下功夫。高校科研育人的机制创新主要是通过坚持文化价值的引领机制，崇尚伦理道德的内驱机制，创新实践平

台的外驱机制、健全多元激励的评价机制，实现育人的制度保障。第四，模式建构路径。人才培养模式改革是高等教育在教学改革中带有全局性、系统性的工作。因此，高校科研育人要实施科教融合、产学研协同育人，使教学和科研有机结合，使企业、高校、科研机构等各机构共同发展，必须变革高等教育的人才培养模式，发挥全面育人的协同效益。一是科教融合的模式构建。高校科研育人科教融合的模式从创新教学方法、加强交流与实践两个方面进行建构，打造科教+第二课堂+大数据平台三位一体的协同育人模式。二是产学研协同育人的模式构建——数智化+产学研协同育人模式：产学研协同育人各主体的合作应积极顺应数智化的时代潮流，基于数智化产业的升级转型，进行育人模式的全方位变革，形成一种适合时代需求的新模式；产学研+多元协同育人模式：构建政府资助、高校加入、协会管理、各行业研究所，面向企业的技术商业化应用科学研究机构。

总之，本研究分为六大部分分别就高校科研育人相关概念比较、理论基础、内涵挖掘、育人要素、必要性、价值意蕴、运行机理、现状、域外经验借鉴、实践创新等内容进行了科学揭示，分析了现状和借鉴了域外经验，对高校科研育人提供了极具操作性的育人原理及实践创新路径，研究达到了预期目标。

由于本人学术水平有限，研究还存在着一些不足之处。首先，在育人对象上，科研育人不仅是培育学生的过程，也是培育教师的过程，本研究重点通过科研对学生的培育进行了研究，但对教师如何培育欠缺笔墨；其次，本研究重点通过调查问卷的方式获得一手资料，这无疑有助于样本研究，提升了研究的推广价值，但同时不可否认的是，由于缺乏深度访谈、参与观察等田野方法的使用，研究的纵深性还远远不够，通过深度访谈方法实施“解剖麻雀式”研究是获取纵深资料的可行方法，也是未来研究有待深入之处。最后，对新时代高校科研育人所面临的新挑战、新环境分析不够。在不同的时代，高校科研育人的条件有所差异，也就意味着高校育人的方式也必须不断创新。而从新时代高校科研的条件来看，“数智化”“全媒体”“人工智能”等等都是新时代高校科研所必须面临的新环境，但当前本文对于这些环境下科研育人的具体模式关注不够，今后将重点加强该方向的研究。

高校科研育人问题不仅是一个理论问题，还是一个现实问题，在问题的深处跳动着时代的脉搏，和创新国家人才培养的现实问题息息相关。随着我国高校科研育人日益被重视，高校科研育人在实践层面的探索会逐步从经验走向科学，将会进一步深入推动我国科研育人的创新发展。高校坚持科研育人，实现思想政治教育的内容拓展，需要广大育人工作者长期坚持不懈的努力。

参考文献

一、中文专著

[1] 马克思恩格斯文集（第2卷）[M]．北京：人民出版社，2009.

[2] 马克思恩格斯选集（第1卷）[M]．北京：人民出版社，1995.

[3] 马克思恩格斯全集（第1卷）[M]．北京：人民出版社，1956.

[4] 马克思恩格斯全集（第10卷）[M]．北京：人民出版社，1998.

[5] 列宁全集（第4卷）[M]．北京：人民出版社，1984.

[6] 列宁全集（第7卷）[M]．北京：人民出版社，1986.

[7] 毛泽东选集（第1-4卷）[M]．北京：人民出版社，1968.

[8] 邓小平文选（第2卷）[M]．北京：人民出版社，1994.

[9] 江泽民文选（第1-3卷）[M]．北京：人民出版社，2006.

[10] 胡锦涛文选（第1-3卷）[M]．北京：人民出版社，2016.

[11] 习近平谈治国理政（第2卷）[M]．北京：外文出版社，2017.

[12] 习近平关于科技创新论述摘编［M］．北京：中央文献出版社，2016.

[13] 习近平在哲学社会科学工作座谈会上的讲话［M］．北京：人民出版社，2016.

[14] 毛泽东．人的正确思想是从哪里来的？[M]．北京：人民出版社，1964.

[15] 陈万柏，张耀灿．思想政治教育学原理［M］．北京：高等教育出版社，2001.

[16] 骆郁廷．思想政治教育原理与方法［M］．北京：高等教育出版社，2010.

[17] 陈万柏．思想政治教育载体论［M］．武汉：湖北人民出版社，2003.

[18] 施晓光．西方高等教育思想进程［M］．哈尔滨：黑龙江人民出版社，2002.

[19] 任旭东，马国建．新时代高校科研育人理论与实践［M］．镇江：江苏大学出版社，2021.

[20] 邓军，等．高校思想政治工作质量提升理论与实践：科研育人卷［M］．桂林：广西师范大学出版社，2019.

[21] 常文磊．英国科研评估制度与大学学科发展［M］．北京：教育科学出版社，2014.

[22] 陈洪捷．德国古典大学观及其对中国大学的影响［M］．北京：北京大学出版社，2002.
[23] 金雅芬．华罗庚治学思想精粹［M］．北京：人民出版社，2016.
[24] 郑金洲，瞿葆奎．中国教育学百年［M］．北京：教育科学出版社，2002.
[25] 范文曜．高等教育发展的治理政策［M］．北京：教育科学出版社，2010.
[26] 陈洪捷．德国古典大学观及其对中国大学的影响［M］．北京：北京大学出版社，2002.
[27] 薛天祥主编．高等教育学［M］．桂林：广西师范大学出版社，2001.
[28] 季森岭主编．终身教育概论［M］．北京：中国社会科学出版社，2002.
[29] 单中惠主编．西方教育思想史［M］．太原：山西人民出版社，1996.
[30] 吴式颖主编．外国现代教育史［M］．北京：人民教育出版社，1997.
[31] 瞿葆奎主编．教育学文集［M］．北京：人民教育出版社，1991.
[32] 薛天祥主编．高等教育学［M］．桂林：广西师范大学出版社，2001.
[33] 滕大春．美国教育史［M］．北京：人民教育出版社，1994.
[34] 张新生．英国成人教育史［M］．济南：山东教育出版社，1993.
[35] 王本陆．教育崇善论［M］．广州：广东教育出版社，2001.
[36] 王梓坤．科学发现纵横谈［M］．上海：上海人民出版社，1978.
[37] 赵红州．大科学观［M］．北京：人民出版社，1988.
[38] 李醒民．科学的革命［M］．北京：中国青年出版社，1989.
[39] 巴伯．科学与社会秩序［M］．北京：三联书店，1991.
[40] 教育部社会科学委员会学风建设委员会．高校人文社会科学学术规范指南［M］．北京：高等教育出版社，2009.
[41] 联合国教科文组织国际 21 世纪教育委员会．教育—财富蕴藏其中［M］．联合国教科文组织总部中文科，译．北京：教育科学出版社，2001.
[42] 联合国教科文组织国际教育发展委员会．学会生存［M］．华东师范大学比较教育研究所，译．北京：教育科学出版社，1996.
[43] 教育部中外大学校长论坛领导小组．中外大学校长论坛文集［M］．北京：高等教育出版社，2002.
[44] 中国社会科学院语言研究所词典编辑室．现代汉语词典（第 7 版）［M］．北京：商务印书馆，2016.
[45]［美］伯顿·克拉克．研究生教育的科学研究基础［M］．王承绪，译．杭州：浙江教育出版社，2001.

[46] [美] 伯顿．克拉克．探究的场所——现代大学的科研和研究生教育 [M]．王承绪，译．杭州：浙江教育出版社，2001.

[47] [美] 伯顿·克拉克．高等教育系统—学术组织的跨国研究 [M]．王承绪，等，译. 杭州：杭州大学出版社，1994.

[48] [美] 约翰·S. 布鲁贝克（JohnS. Brubacher）．高等教育哲学 [M]．杭州：浙江教育出版社，2001.

[49] [美] 克尔（Kerr，Clark）．大学的功用 [M]．南宁：江西教育出版社，1993.

[50] [美] 德里克·博克（DerekBok）．走出象牙塔 [M]．徐小洲，陈军译．杭州：浙江教育出版社，2001.

[51] [美] 保尔·朗格朗著．终身教育引论 [M]．北京：中国对外翻译出版公司，1985.

[52] [美] 约翰·S·布鲁贝克（John. S. Brubacher）．高等教育哲学 [M]．杭州：浙江教育出版社，2001.

[53] [美] 亚伯拉罕·弗莱克斯纳（Abraharn Flexner）．现代大学论 [M]．徐辉，陈晓菲译．杭州：浙江教育出版社，2001.

[54] [美] 克拉克·克尔．大学之用 [M]．北京：北京大学出版社，2008.

[55] [美] 德里克·博克．美国高等教育 [M]．北京：北京师范学院出版社，1991.

[56] [德] 卡尔·雅斯贝尔斯（Jaspers，K.）．什么是教育 [M]．上海：三联书店，1991.

[57] [英] 埃德蒙·金（EdmundJ. King）．别国的学校和我们的学校 [M]．北京：人民教育出版社，2001.

[58] [美] 菲利普·库姆斯（PhilipH. Coombs）．世界教育危机 [M]．北京：人民教育出版社，2001.

[59] [伊朗] S·拉塞克，(罗马尼亚) G·维迪努著．从现在到 2000 年教育内容发展的全球展望 [M]．教育科学出版社，1996.

[60] [美] 豪尔（CyrilO. Houle）．学习模式 [M]．江金惠译．北京：教育科学出版社，1992.

[61] [英] 阿什比．科技发达时代的大学教育 [M]．滕大春，滕大生，译．北京：人民教育出版社，1983.

[62] [美] 欧内斯特·L. 博耶．关于美国教育改革的演讲 [M]．北京：教育科学出版社，2002.

[63] [美] 欧内斯特·L. 博耶．美国大学教育——现状·经验·问题及对策 [M]．上海：复旦大学出版社，1988.

[64] [美] 欧内斯特·L. 博耶. 美国大学教育——现状·经验·问题及对策 [M]. 上海：复旦大学出版社，1988.

[65] [美] 亨利·埃兹科维茨. 麻省理工学院与创业科学的兴起 [M]. 王孙禺，袁本涛，等，译. 北京：清华大学出版社，2007.

[66] [比] 希尔德·德·里德—西蒙斯. 欧洲大学史（第二卷）：近代早期的欧洲大学 [M]. 贺国庆，等，译. 保定：河北大学出版社，2008.

[67] [德] F. W. J. Schelling. 学问论 [M]. 胜田守一，译. 日本东京：岩波书店，1957.

[68] [英] J. D. 贝尔纳. 历史上的科学 [M]. 北京：科学出版社，1981.

[69] [英] J. D. 贝尔纳. 科学的社会功能 [M]. 北京：商务印书馆，1982.

[70] [南斯拉夫] 德拉高尔朱布. 纳伊曼. 世界高等教育的探讨 [M]. 北京：教育科学出版社，1982.

[71] [德] 弗·鲍尔生. 德国教育史 [M]. 腾大春，腾大生，译. 北京：人民教育出版社，1986.

[72] [德] 卡尔·雅斯贝尔斯. 什么是教育 [M]. 北京：三联书店，1991.

[73] [德] 卡尔·雅斯贝斯. 时代的精神状况 [M]. 上海：上海译文出版社，1997.

[74] [美] 亚伯拉罕·弗莱克斯纳. 现代大学论 [M]. 杭州：浙江教育出版社，2001.

[75] [英] 约翰·亨利·纽曼. 大学的理想 [M]. 杭州：浙江教育出版社，2001.

[76] [西] 奥尔特加·加塞特. 大学的使命 [M]. 杭州：浙江教育出版社，2001.

[77] [德] 弗里德里希·包尔生. 德国大学与大学学习 [M]. 张弛，等，译. 北京：人民教育出版社，2009.

[78] [德] 威廉·冯·洪堡. 论柏林高等学术机构的内部和外部组织 [M]. 高等教育论坛，1987.

二、中文期刊论文

[1] 罗莎，熊晓琳. 新时代高校文化育人实现理路探赜 [J]. 思想教育研究，2020（4）.

[2] 孙冰红，杨宁宁. 新时代高校思想政治工作服务育人机制研究 [J]. 中国高等教育，2020（7）.

[3] 刘润，王小莉. 高校“三全育人”工作路径与机制的探索实践 [J]. 思想教育研究，2020（6）.

[4] 丁丹. 新时代高校“三全育人”探赜：机理、问题与路向 [J]. 思想教育研究，2020.

[5] 梁伟，马俊，梅旭成．高校“三全育人”理念的内涵与实践［J］．学校党建与思想教育，2020（4）．

[6] 刘在洲，谭梦媛，曾中良．试论大学科研育人的价值追求［J］．学校党建与思想教育，2020（15）．

[7] 刘香菊，刘在洲．大学科研育人的价值意蕴与作用机理［J］．高等教育研究，2020（8）．

[8] 黄兆信，李雨蕙．美国密歇根大学创新教育及其启示［J］．浙江社会科学，2020（8）．

[9] 李鹏虎．美国研究型大学学系的改革：背景、实践及启示［J］．外国教育研究，2020，47（6）．

[10] 梅萍．论新时代高校全员心理育人模式的建构与实施［J］．思想理论教育，2019（12）．

[11] 王杨．加强高校管理育人面临的挑战与对策［J］．思想理论教育，2019（12）．

[12] 阮一帆，徐欢．高校科研育人探析［J］．思想理论教育导刊，2019（8）．

[13] 潘广炜，赵亚楠．关于“科研育人”对提升研究生思想政治教育质量的思考［J］．学校党建与思想教育，2019（1）．

[14] 杨国欣，蔡昕．高校实践育人实现路径探析［J］．学校党建与思想教育，2019（4）．

[15] 徐世甫．网络育人：新时代高校思想政治教育新范式［J］．中国高等教育，2019（9）．

[16] 张楠．“跟进式教育”理念推动高校资助育人工作［J］．人民论坛，2019（33）．

[17] 谢守成，文凡．新时代高校组织育人的逻辑定位、现实境遇与实施策略［J］．思想理论教育，2019（5）．

[18] 潘洪建．科学知识社会学及其对科学课程改革的意蕴［J］．山西大学学报（哲学社会科学版），2021，44（4）．

[19] 冯华．科学本质观：发挥科学教育育人价值的关键［J］．中小学管理，2019（11）．

[20] 齐琳琳．重大疫情防控背景下大学生科学思维能力的培育［J］．学校党建与思想教育，2020（12）．

[21] 石亚军．培养科学思维能力　增强思想政治定力［J］．思想政治工作研究，2017.

[22] 李艺敏．融合多学科资源　涵养科学精神——以“在实践中追求和发展真理”教学为例［J］．中学政治教学参考，2020（10）．

[23] 张学毅．培育学生科学精神摭谈［J］．中学政治教学参考，2021（21）．
[24] 周林松．在哲学与科学共振中培育科学精神［J］．中学政治教学参考，2021（9）．
[25] 杜红．大学生科学素养的内涵与结构［J］．吉林省教育学院学报，2021，37（4）．
[26] 蔡仲．论科学美德［J］．理工大学学报（社会科学版），2021，36（3）．
[27] 陈强强．从道德—价值的观点看科学［J］．自然辩证法研究，2020，36（2）．
[28] 赵修义．伦理学就是道德科学吗？［J］．华东师范大学学报（哲学社会科学版），2018，50（6）．
[29] 李小平，刘在洲．大学科研的本质特征及其育人意蕴［J］．高等教育研究，2019，40（5）．
[30] 刘承功．高校“三全育人”的核心要求、目标任务和实现路径［J］．思想理论教育，2019（11）．
[31] 刘在洲，段溢波．大学科研育人的时代价值与意蕴本源［J］．湖北社会科学，2019（8）．
[32] 尹万东．高校科研育人：价值、意蕴、问题与机制［J］．北京化工大学学报（社会科学版），2019（4）．
[33] 季波，李劲湘，邱意弘，魏佳妮．“以学生为中心”视角下美国一流研究型大学本科人才培养的特征研究［J］．中国高教研究，2019（12）．
[34] 郑军，杨玉洁．德国研究型大学拔尖创新人才培养的经验及启示［J］．内蒙古农业大学学报（社会科学版），2019，21（2）．
[35] 毛天颂．关于洪堡大学教育思想的浅析［J］．管理观察，2019（2）．
[36] 郑军，陈景婷．法国研究型大学拔尖创新人才培养的经验及启示［J］．河北农业大学学报（社会科学版，2019，21（1）．
[37] 骆郁廷，付玉璋．论高校网络育人协同机制构建的时代价值［J］．思想政治教育研究，2018，34（4）．
[38] 马建青，杨肖．心理育人的内涵、功能与实施［J］．思想理论教育，2018（9）．
[39] 曹锡康．高校组织育人：现状考察与机制构建［J］．思想理论教育，2018（11）．
[40] 陈超．立德树人视域下管理育人的内涵厘定与实践路径［J］．思想理论教育导刊，2016（3）．
[41] 刘建军．进一步重视科研在高校育人中的地位和作用［J］．中国高等教育，2015（6）．
[42] 刘在洲，张恒波．促进人才培养：高校科学研究义不容辞的责任［J］．高等农业教育，2014（7）．

[43] 刘咸卫．回归大学育人本真：教学的研究性与科研的教育性［J］．中国高等教育，2008（21）．

[44] 周川．从洪堡到博耶：高校科研观的转变［J］．教育研究，2005（6）．

[45] 崔明德．“科研育人”论纲［J］．烟台大学学报（哲学社会科学版，2001（2）．

[46] 骆郁廷．略论科研育人［J］．高等教育研究，1997（3）．

[47] 刘在洲，张云婷．高校科研质量评价问题与改进思路［J］．科技进步与对策，2014，31（4）．

[48] 张云婷，刘在洲．高校科研质量评价的价值取向［J］．长江大学学报（社科版），2014，37（9）．

[49] 刘在洲，张云婷．高校科研质量评价价值取向的反思与重构［J］．科技进步与对策，2015，32（4）．

[50] 陈慧颖，刘在洲．美英日高校科研质量评价比较研究及其对我国的启示［J］．中国农业教育，2015（1）．

[51] 陈承，刘在洲，徐红．高校科研质量评价指标体系研究［J］．科技管理研究，2015，35（8）．

[52] 徐红，刘在洲，陈承．高校科研质量评价标准研究［J］．高校教育管理，2016，10（5）．

[53] 刘在洲，张云婷．高校科研质量评价中若干关系探讨［J］．科技进步与对策，2018，35（17）．

[54] 徐红，刘在洲，陈承．地方高校科研评价体系构建研究——以A省为例［J］．中国高校科技，2019（Z1）．

[55] 李小平，刘在洲．大学科研的本质特征及其育人意蕴［J］．高等教育研究，2019，40（5）．

[56] 刘在洲，谢晨霞，刘香菊，张恒波．大学科研育人现状、问题与对策——基于H省4所高校的调查［J］．高等教育研究，2019，40（6）．

[57] 刘在洲，李小平．大学科研育人的发生学分析［J］．现代大学教育，2020，36（5）．

[58] 陈慧颖，刘在洲．关于完善我国高校科研质量评价的思考——基于世界发达国家的政策经验［J］．中国高教研究，2014（10）．

[59] 刘在洲．高校科研育人的内涵、特征与实践方略［J］．思想理论教育，2021（3）．

[60] 张亚光，曾丹旦．“三全育人”视域下高校科研育人探究［J］．学校党建与思想教育，2021（1）．

[61] 魏舶，杨亚庚．科研育人逻辑下高校研究生思想政治教育研究［J］．学校党建与思想教育，2021（4）．

[62] 刘在洲，汪发元．高校科研育人工作机制的完善与质量提升［J］．中南民族大学学报（人文社会科学版），2022（5）．

[63] 姚威，毛笛，胡顺顺．内涵式还是外延式：高校科研育人效率的实证分析［J］．科技管理研究，2021，41（14）．

[64] 徐志远，范慧玲．论现代思想政治教育学基本范畴的内在逻辑联系［J］．学校党建与思想教育，2019（5）．

[65] 徐志远，周政龙．论现代思想政治教育学基本范畴及其体系的构建原则［J］学校党建与思想教育，2018（15）．

[66] 王婧．思想政治教育过程的矛盾理论研究述评［J］．思想政治教育研究，2015，31（1）．

[67] 刘在洲，谭梦媛．引育科学精神：大学科研育人的使命担当［J］．中国高校科技，2020（Z1）．

[68] 傅安洲，阮一帆，彭涛．德国古典大学修养观及其启示［J］．高等教育研究，2007（12）．

[69] 顾海良．新世纪学校德育工作的几点思考［J］．中国高教研究，2001（1）．

[70] 刘宝存．哈佛大学办学理念探析［J］．外国教育研究，2003（1）．

[71] 袁贵仁．用科学态度对待人文社会科学［J］．中国高等教育，2001（11）．

[72] 朱贺玲．从洪堡到伯顿·克拉克：高校科研观的坚持与扩展［J］．煤炭高等教育，2011，29（4）．

[73] 王敏，曾繁仁．高校大美育体系的现代化建构［J］．中国高等教育，2017（7）．

[74] 张婧．美育与思想政治教育的辩论关系［J］．理论观察，2017（2）．

[75] 黄上芳．制度德育论的贡献与局限［J］．浙江教育科学，2018（5）．

[76] 姚延芹，张智敏．大众化教育阶段的大学教学与科研关系问题［J］．纺织教育，2008（1）．

[77] 周光礼．高校人才培养模式创新的深层次探索［J］．中国高等教育，2012（10）．

[78] 高晓清，杜晓利．论大学科研［J］．高教探索，2001（1）．

[79] 胡道全，成孝义．研究型大学的育人职能［J］．高等建筑教育，2005（1）．

[80] 杨灿明．新时代高校创新型人才培养［J］．国家教育行政学院学报，2018（7）．

[81] 阎光才．研究型大学中本科教学与科学研究间关系失衡的迷局［J］．高等教育研究，2012，33（7）．

[82] 张德高．科研教学结合　为人才培养提供强力支撑［J］．中国高等教育，2013（17）．

[83] 范五三，谢兴政．新时代高校建构科研育人体系的动力机制［J］．中国高校科技，2018（7）．

三、中文学位论文

[1] 付玉璋．高校网络育人协同机制及其建构研究［D］．武汉：武汉大学，2019.

[2] 张茜．大思政视域下高校“十大”育人体系整体建构研究［D］．武汉：华中师范大学，2019.

[3] 徐仕丽．新形势下我国网络育人的发展研究（1915—1949）［D］．长春：东北师范大学，2017.

[4] 蒋飞燕．中国人的科学价值观演变研究（1915-1949）［D］．桂林：广西师范大学，2021.

[5] 刘召顺．科学道德范式的当代审视［D］．长春：吉林大学，2017.

[6] 李正风．科学知识生产方式及其演变［D］．北京：清华大学，2005.

[7] 秦元海．论科学精神［D］．上海：复旦大学，2006.

[8] 林媛媛．研究生学术规范意识的培养理念与机制创新研究［D］．沈阳：东北大学，2015.

[9] 熊枫．科学研究支撑大学人才培养政策研究［D］．沈阳：沈阳师范大学，2019.

[10] 巨瑛梅．终身教育的理论与实践：渊源、演变及现状［D］．北京：北京师范大学，1999.

四、外文参考文献

[1] W. H . Cowley and D . Williams（1991）. International and Historical Roots of American Higher Education［M］. Garland Publishing Inc，1991.

[2] James Scott，Jane Wills. The Geography of the Political Party：Lessons from the BritishLabour Party´s Experiment with Community Organising，2010 to 2015［J］. Political Geography，2017.

[3] Claire Bénit-Gbaffou. Party Politics，Civil Society and Local Democracy-Reflections from Johannesburg［J］. Geoforum，2012.

[4] Flinders University；Ideal way to screen for disease. 2020.

[5] Journey to the Universities' Mission Station of Magila, on the Borders of the Usambara Country. 1875.

[6] CONTRIBUTIONS OF FOREIGN CHRISTIAN MISSIONS TO SCIENCE AND EDUCATION. 1869.

[7] Governance: The Remarkable Ambiguity. KELLER G. In Defense of A-merican Higher Education . 2001.

[8] On the philosophy of higher education. BRUBACHER J S. 1982.

[9] Exploring the heritage of American higher education: the evolution of philosophy and policy. BOGUE E G, APER J. 2000.

[10] Heresy, Yes: conspiracy, No. Hook, S. 1953.

[11] The Idea of A University. Newnen, J. H. C. 1927.

[12] Flexner, Abraham. I Remember: The Autobiography of Abraham Flexner . 1940.

[13] Higher Learning in American 1980-2000. Levine, A. 1994.

[14] The Uses of the University. Kerr, C. 2001.

[15] Xia QiDong and Wang ShaoGang. Attaching great importance to the female's power in scientific research. [J] . World journal of urology, 2021.

[16] Vroom, Enya B. and Albizu Jacob, Alexandra and Massey, Oliver T.. Evaluating an Implementation Science Training Program: Impact on Professional Research and Practice [J]. Global Implementation Research and Applications, 2021.

[17] Evans John H. The Scientific Spirit of American Humanism, by STEPHEN P. WELDON [J] . Sociology of Religion, 2021.

[18] Xiaomei Huang and Yong Shao. Prevention and Control of Coronavirus Disease 2019 Epidemic in China: Role of Technological Progress and Scientific Spirit [J] . Journal of Contemporary Medical Practice, 2021.

[19] Yige Zhang. The Historical Significance of Mohist Scientific Thought [J] . Scientific and Social Research, 2020.

[20] Luling Duan. Analyze the Educational Methods of Using Experimental Teaching to Cultivate Innovation Ability [J] . Lifelong Education, 2020.

[21] Krishna Venni V.. Open Science and Its Enemies: Challenges for a Sustainable Science - Society Social Contract [J] . Journal of Open Innovation: Technology, Market, and Complexity, 2020.

[22] Altun AySegül and Kalkan Ömür Kaya. Cross-national study on students and school factors

affecting science literacy [J] . Educational Studies, 2021.

[23] Putra N S and Agusnita. Scientific literacy competency of senior high school students based on question formats [J] . Journal of Physics: Conference Series, 2021.

[24] Ergasheva Gulrukxsor Surkxonidinovna et al. International programs for assessing the quality of education-a factor in increasing the scientific literacy of students [J] . ACADEMICIA: An International Multidisciplinary Research Journal, 2021.

[25] Pitot Lisa N. and Balgopal Meena. Science education reform conundrum: An analysis of teacher developed common assessments [J] . School Science and Mathematics, 2021.

[26] Sophia Jeong and Brandon Sherman and Deborah J. Tippins. The Anthropocene as we know it: posthumanism, science education and scientific literacy as a path to sustainability [J]. Cultural Studies of Science Education, 2021.

[27] Valladares Liliana. Scientific Literacy and Social Transformation: Critical Perspectives About Science Participation and Emancipation. [J] . Science & education, 2021.

[28] Y Wahyu et al. The Effect of science learning bases [J] . Journal of Physics: Conference Series, 2020.

[29] Jutta Schickore. Thinking about scientific thinking [J] . Metascience, 2021.

[30] Szajnberg Nathan M. Response to " Scientific thinking styles" . [J] . The International journal of psycho-analysis, 2021.

[31] Weisberg Deena Skolnick et al. Knowledge about the nature of science increases public acceptance of science regardless of identity factors. [J] . Public understanding of science (Bristol, England), 2020.

[32] Ramirez Leal P. Quantitative reasoning and written communication. Competencies that evidence scientific thinking in university graduates [J] . Journal of Physics: Conference Series, 2020.

[33] Jirout Jamie J. Supporting Early Scientific Thinking Through Curiosity [J] . Frontiers in Psychology, 2020.

[34] Gr. Voskoglou Michael. A Markov Chain Representation of Human Reasoning and Scientific Thinking [J] . American Journal of Applied Mathematics and Statistics, 2020.

[35] Murat Ekici and Mukaddes Erdem. Developing Science Process Skills through Mobile Scientific Inquiry [J] . Thinking Skills and Creativity, 2020.

[36] Giuseppe Longo and David Gauthier. SCIENTIFIC THOUGHT AND ABSOLUTES [J] . Angelaki, 2020.

[37] Alliyarov Ashraf Daulyetyarovich. A systematic-practical model of developing students' attitudes towards spiritual and universal values [J]. ACADEMICIA: An International Multidisciplinary Research Journal, 2020.

[38] Ergashev Urolbek Berkinovich. Social-philosophical and spiritual-moral views of the Akhmad Dash [J]. Asian Journal of Multidimensional Research (AJMR), 2020.

[39] Sacco Angelo and Magnavita Nicola. [Actuality and originality in the scientific thought of Angelo Iannaccone (1925 - 1982).] [J]. Giornale italiano di medicina del lavoro ed ergonomia, 2020.

[40] Yurdagül BoGar. Synthesis Study on Argumentation in Science Education [J]. International Education Studies, 2019.

[41] Koerber and Osterhaus. Individual Differences in Early Scientific Thinking: Assessment, Cognitive Influences, and Their Relevance for Science Learning [J]. Journal of Cognition and Development, 2019.

五、报刊网络文献

[1] 习近平. 坚持立德树人思想引领加强和改进高校党建工作 [N]. 人民日报, 2014-12-30 (1).

[2] 习近平. 把思想政治工作贯穿教育教学全过程　开创我国高等教育事业发展新局面 [N]. 人民日报, 2016-12-09 (1).

[3] 习近平. 用新时代中国特色社会主义思想铸魂育人　贯彻党的教育方针　落实立德树人根本任务 [N]. 人民日报, 2019-03-19.

[4] 习近平. 立德树人德法兼修抓好法治人才培养励志勤学刻苦磨炼促进青年成长进步 [N]. 人民日报, 2017-05-04 (1).

[5] 习近平. 在庆祝中国共产党成立95周年大会上的讲话 [N]. 人民日报, 2016-07-01 (2).

[6] 习近平. 在北京大学师生座谈会上的讲话 [N]. 人民日报, 2018-05-03 (1).

[7] 习近平. 在中国科学院第十七次院士大会、中国工程院第十二次院士大会上的讲话 [N]. 人民日报, 2014-06-09 (2).

[8] 江泽民. 国运兴衰系于教育　教育振兴全民有责 [N]. 人民日报, 1999-6-16 (1).

[9] 中共中央国务院.《关于加强和改进新形势下高校思想政治工作的意见》[N]. 人民日报, 2017-02-28 (1).

[10] 中共中央国务院．《关于进一步加强和改进大学生思想政治教育的意见》[N]．人民日报，2004-10-15（1）．

[11] 张文静．科学与人文，相会在山顶［N］．中国科学报，2018 — 11-23（6）．

[12] 韩天琪．学术道德：根本在于回归科学本义［N］．中国科学报，2017-08-21（7）．

[13] 熊晓梅．坚持立德树人实现“三全育人”［N］．光明日报，2019-2-14（06）．

[14] 赵琪．提升民众科学素养意义重大［N］．中国社会科学网，2021-04-21（2）．

[15] 左金磊．从笛卡尔方法论看科学与道德的张力［N］．中国社会科学网，2019-2-21（10）．

[16] 国务院办公厅关于优化学术环境的指导意见．[EB/OL]．（2016-01-13）[2022-3-12]．

[17] 中共中央办公厅，国务院办公厅．关于分类推进人才评价机制改革的指导意见[EB/OL]．（2018-02-26）[2022-3-15]．

附录 1
关于高校科研育人的调查问卷（学生）

亲爱的同学：

您好！非常感谢您抽空参与本次调查！

高校科研育人是指高校科研人员在科研过程中将思想政治教育寓于科研实践之中，通过科研活动来培育大学生（包括本科生、硕士研究生、博士研究生在内的全体学生）树立正确的世界观、人生观、价值观，提高大学生的思想道德素质，探索科研育人的新模式，构建具有推广意义的科研育人体系。

本次调查问卷旨在了解高校科研育人的实际状况，调查结果仅用于学术研究，为保证调查结果的准确性，请您根据自身实际情况来填写调查问卷，再次感谢您的参与！

1. 您的性别 （　）

A. 男　B. 女

2. 您的政治面貌 （　）

A. 群众　B. 共青团员　C. 中共党员

3. 您的学历层次 （　）

A. 本科生　B. 硕士研究生　C. 博士研究生

4. 您所在的学科领域 （　）

A. 自然科学　B. 人文社会科学

5. 您是否参加过科研活动 （　）

A. 是　B. 否（选此项者，直接跳转至第 18 题）

6. 您参与科研项目的研究情况 （　）

A. 较多时间参与科研项目研究

B. 较少时间参与科研项目研究

C. 偶尔参与科研项目研究

D. 从来不参与科研项目研究

7. 您参与科研项目的动因是 （　　）［多选题］

A. 对于科研感兴趣

B. 加深对于专业知识的学习，提升自己的科研水平

C. 导师要求，被动参与

D. 完成毕业论文的需要

E. 创新科技，报效祖国

F. 其他原因

8. 在科研过程中，您做的有哪些工作？ （　　）［多选题］

A. 收集、整理资料

B. 做实验或者整理数据

C. 撰写实验报告或者论文之类

D. 管理发票以及报账之类

E. 管理仪器设备和场地等事务性工作

F. 其他

9. 在参与科研活动过程中，您觉得自己是否有收获？ （　　）

A. 有

B. 无

C. 其他

10. 在参与科研过程中，您发表或者署名文章刊物的最高层次 （　　）

A. EI 期刊、SCI、SSCI 及以上级别的论文

B. CSSCI 或 CSCD

C. 北大核心刊物

D. 一般普通刊物

E. 其他

11. 您的学位论文选题是（最高学位论文选题） （　　）

A. 自选题目

B. 在导师建议下选题

C. 来源于导师的科研项目

D. 在导师科研项目启发下选题

E. 其他

12. 在参与科研过程中，教师对您进行思想政治教育吗？（　　）

A. 进行

B. 不刻意进行

C. 不进行

13. 您在参与科研过程中，主要通过哪些方式接受教师思想政治教育？（　　）[多选题]

A. 教师的口头教导

B. 教师的行为示范

C. 团队氛围的影响

D. 其他

14. 在科研过程中，教师对您产生了哪些重大影响？（　　）[多选题]

A. 教师的学术水平和知识能力素养

B. 教师的思想道德和人格魅力

C. 教师求真务实的科研作风

D. 教师对学术诚信的态度

E. 以教师为中心的科研团队的影响

F. 其他

15. 在科研过程中，教师对您的影响有哪些方面？（　　）[多选题]

A. 巩固了专业理论知识，提高了科研兴趣

B. 教师的科研动机对于学生价值取向的影响

C. 教师的科研目标对于学生人生选择的影响

D. 教师的科研组织对于学生合作精神的影响

E. 教师的科研精神对于学生顽强拼搏精神的影响

F. 教师的科研作风对于学生严谨治学的影响

G. 教师的科研方法对于学生方法论的影响

H. 教师的科研成果对于学生世界观的影响

I. 其他

16. 科研活动是否对您自身良好道德品质形成是否有帮助？（　　）

A. 比较有帮助

B. 有一定帮助

C. 帮助较小

D. 暂无帮助

E. 其他

17. 在参与科研过程中，教师是否容忍您有学术不端行为？（　　）

A. 不容忍

B. 容忍

C. 纵容

D. 袒护

18. 您所在的院校否存在学术不端现象？（　　）

A. 存在

B. 不存在

19. 您如何看待学术不端的行为？（　　）

A. 坚决抵制

B. 心存侥幸

C. 无所谓

20. 您认为科研应该负有育人的使命、职责吗？（　　）

A. 应该

B. 不应该

C. 无所谓

21. 您认为科研育人应该实现的目标有（　　）［多选题］

A. 帮助学生树立科学报国、服务人类的理想信念

B. 帮助学生树立勇于创新、敢为人先的科研目标

C. 帮助学生掌握科学严谨的科研方法

D. 培养学生求真务实的学术诚信态度

E. 培养学生立德为本的科学道德精神

F. 其他

22. 你认为影响科研育人效果的有哪些因素？（　　）［多选题］

A. 学校的政策与环境

B. 教师的态度与作用

C. 科研团队的熏陶

D. 学生的主观能动性

E. 其他

23. 您认为学生在科研育人过程中应该怎么做？（　　）［多选题］

A. 加强科研过程中的师生互动

B. 增加科研团队中的群体互动

C. 在科研活动中加强自我教育和自我学习

D. 任劳任怨、无私奉献

24. 您认为所在的学校在科教融合协同育人方面存在哪些不足之处？

( ) [多选题]

A. 教学模式单一

B. 教学理念陈旧

C. 教学主体依旧是教师

D. 教学过程中重理论轻实践

E. 科研与教学没有形成协同效应

F. 科研交流与实践较少

G. 科教融合协同育人未开展

H. 其他

25. 您认为所在的学校在产学研协同育人方面存在哪些问题？ ( ) [多选题]

A. 学生实习实践机会少，实习效果差

B. 人才供需结构性失衡

C. 产学研合作层次不高

D. 各主体协同意识不足

E. 产学研协同育人效果不好

F. 到企业中对科研帮助不大

G. 产学研协同育人未开展

H. 其他

26. 您对科研育人有什么建议？ ( ) [多选题]

A. 学校应加强组织和领导

B. 增强教师与学生在科研过程中的互动

C. 增强学生个人与科研团队的互动

D. 发挥学生的主观能动作用

E. 优化科研育人政策环境

F. 积极营造学生参与科研的良好环境

G. 其他

附件 2
关于高校科研育人的调查问卷（教师）

尊敬的老师：

您好！非常感谢您在百忙之中抽空参与本次调查！

高校科研育人是指高校科研人员在科研过程中将思想政治教育寓于科研实践之中，通过科研活动来培育大学生（包括本科生、硕士研究生、博士研究生在内的全体学生）树立正确的世界观、人生观、价值观，提高大学生的思想道德素质，探索科研育人的新模式，构建具有推广意义的科研育人体系。

本次调查问卷旨在了解高校科研育人的实际状况，调查结果仅用于学术研究，为保证调查结果的准确性，请您按照实际情况来填写调查问卷，再次感谢您的参与！

1. 您的性别是 （　　）

A. 男　　B. 女

2. 您的职称是 （　　）

A. 教授　　B. 副教授

C. 讲师　　D. 特殊引进人才

3. 您的年龄 （　　）

A. 25 岁以下　　B. 26-35 岁

C. 36-45 岁　　D. 45 岁以上

4. 您的工作年限是 （　　）

A. 一年以下　　B. 1-5 年

C. 5-10 年　　D. 10-15 年

E. 15-20 年　　F. 20 年以上

5. 您的岗位类型是 （　　）

A. 教学型　　B. 研究型

C. 教学科研型

6. 您的研究领域　(　　)

A. 自然科学

B. 人文社会科学

7. 您目前担任的导师资格是　(　　)

A. 博士研究生导师

B. 硕士研究生导师

C. 其他

8. 您当前指导硕士的数量为　(　　)

A. 0 人　　B. 1-5 人

C. 5-10 人　　D. 10 人以上

9. 您当前指导的博士研究生数量（含博士后研究生）是　(　　)

A. 0 人

B. 1-3 人

C. 4-6 人

D. 6 人以上

10. 您成功申报过的科研项目中，级别最高的是　(　　)

A. 国家级项目

B. 省部级项目

C. 市厅级项目

D. 校级项目

E. 暂时还没有项目

11. 您最近五年获得的科研经费（含在研项目经费）　(　　)

A. 大于 1000 万

B. 100 万-1000 万

C. 10 万-100 万

D. 10 万以下

12. 您近三年发表的最高水平论文为　(　　)

A. EI 期刊、SCI、SSCI 及以上级别论文

B. CSSCI 或 CSCD

C. 北大核心期刊

D. 普刊

E. 其他

13. 您从事科研的动机是 （ ）［多选题］

A. 探索新知，破解未知

B. 技术创新，服务社会

C. 通过科研促进教学，提高学生和教学质量

D. 完成规定的科研工作量，通过考核，获评职称的需要

E. 通过科研项目创收

F. 其他

14. 您对当前学校的科研政策是否满意？ （ ）

A. 满意　　B. 比较满意

C. 一般　　D. 不满意

E. 极其不满意

15. 您所在的学校是否强调科研育人？ （ ）

A. 是

B. 否

C. 不清楚

16. 您在科研过程中，主要通过什么方式对学生进行思想政治教育？（ ）［多选题］

A. 口头教育

B. 以身作则

C. 科研团队氛围影响

D. 其他

17. 您认为科研育人应主要培养学生哪些品质？ （ ）［多选题］

A. 至诚报国的理想追求

B. 敢为人先的科学精神

C. 开拓创新的进取意识

D. 严谨求实的科研作风

18. 您对以下观点持相同看法的是 （ ）［多选题］

A. 科学研究应该追求学术自由

B. 科学无国界，科学家有国别

C. 科学研究应该坚持党的领导

D. 科学研究应该坚持马克思主义的指导

E. 科学研究应该保持价值中立

F. 科学研究中存在泛西化的情况

19. 您所在的单位在科研管理方面主要将思想价值引领融入哪些方面？

( ) [多选题]

A. 科研方向引导

B. 科研项目创设

C. 科研过程管理

D. 科研资源配置

E. 科研成果孵化

F. 以上都没有

G. 其他

20. 您认为在科研过程应该重点培养学生哪些方面？ ( ) [多选题]

A. 政治立场

B. 道德品行

C. 学术水平

D. 人格魅力

E. 其他

21. 在您的科研团队里，您让学生负责哪些工作？ ( ) [多选题]

A. 前期课题设计

B. 搜集并整理文献资料

C. 实际、实地操作和具体执行

D. 数据、资料的处理

E. 论文、报告的撰写工作

F. 人员组织、培训、物品、仪器管理

G. 对外联络工作

H. 其他

22. 您所在单位对以下问题重视程度如何？请排序 ( ) [多选题]

A. 在科研项目立项时注重考查申请团队成员的思想政治表现

B. 在科研项目立项、中期评估、成果评价时注重考查研究课题的政治导向

C. 在科研活动过程中注重学生的思想政治教育

D. 承担科研育人使命、任务

E. 达到科研育人效果、目的

23. 您所在的学校在科教融合协同育人方面有哪些需要改进的地方？ ( ) [多选题]

A. 科研与教学的协同性

B. 校内科研活动形式

C. 协同育人运行机制

D. 协同育人方式方法

E. 大数据协同育人信息平台

F. 学校的支持力度

G. 其他

24. 您所在的学校在产学研协同育人方面有哪些需要改进的措施？（　　）［多选题］

A. 健全产学研协同育人运行机制

B. 丰富产学研协同育人资源

C. 借助新技术共创协同育人新平台

D. 企业派专业人员入驻高校（共同制定人才培养方案，共同确定人才培养目标，协助教学，相互监督）

E. 实行双导师制度

F. 加强多主体协同育人意识

G. 加大政府政策支持力度

H. 其他

25. 关于提高学校“科研育人”水平，您的意见与建议有哪些？（　　）［多选题］

A. 加强党委对科研育人工作的领导

B. 统筹整合校内外各方科研育人资源，加强与课程育人、文化育人、实践育人、心理育人等“十大育人体系”的协同，形成育人合力

C. 优化科研育人管理制度，完善科研评价标准，改进学术评价方法，制定激励措施，将教师的科研育人效果纳入考核范围，鼓励教师参与科研育人活动

D. 加强对师生科研活动选题设计、团队组建、科研立项、项目研究、成果运用的思想价值引领，教育引导与突出问题治理并举，构建教育、预防、监督、惩治于一体的学术诚信体系

E. 组织编写相关学习读本，开放必要的科研育人课程

F. 加强科研育人活动开发，推进实施各类科研育人活动和科教协同育人、产学研合作协同项目，引导学生积极参与科研实践

H. 培养树立榜样典型，倡导社会广泛关注、宣传和支持

G. 其他

26. 您关于高校科研育人的其他建议或者想法有哪些？